# M1 艾布拉姆斯
## 主战坦克工作手册

列装于1980年（M1、M1A1及M1A2型）

[美] 布鲁斯·奥利弗·纽瑟姆　格雷格·沃尔顿 / 著

刘玉俊　陈　静　严晓峰 / 译

中国科学技术出版社
·北京·

图书在版编目（CIP）数据

M1 艾布拉姆斯主战坦克工作手册 /（美）布鲁斯·奥利弗·纽瑟姆，（美）格雷格·沃尔顿著；刘玉俊，陈静，严晓峰译 . —北京：中国科学技术出版社，2021.7

书名原文：M1 Abrams Main Battle Tank Owners Workshop Manual

ISBN 978-7-5046-8855-2

Ⅰ.① M… Ⅱ.①布… ②格… ③刘… ④陈… ⑤严… Ⅲ.①主战坦克—普及读物 Ⅳ.① E923.1-49

中国版本图书馆 CIP 数据核字 (2021) 第 032137 号

著作权合同登记号：01-2020-7483

Originally published in English by Haynes Publishing under the title: M1 Abrams Main Battle Tank Owners Workshop Manual Written by Dr Bruce O. Newsome and Greg Walton
© Dr Bruce O. Newsome and Greg Walton 2017

本书由 Haynes Publishing 授权中国科学技术出版社独家出版，未经出版者许可不得以任何方式抄袭、复制或节录任何部分。

声明：本书涉及国际形势及政治倾向表述仅代表作者个人观点，不代表译者及中方出版单位立场。

| 策划编辑 | 孙红霞　李春利 |
| --- | --- |
| 责任编辑 | 孙红霞　王绍昱 |
| 装帧设计 | 中文天地 |
| 责任校对 | 张晓莉 |
| 责任印制 | 马宇晨 |

| 出　　版 | 中国科学技术出版社 |
| --- | --- |
| 发　　行 | 中国科学技术出版社有限公司发行部 |
| 地　　址 | 北京市海淀区中关村南大街 16 号 |
| 邮政编码 | 100081 |
| 发行电话 | 010-62173865 |
| 传　　真 | 010-62173081 |
| 网　　址 | http://www.cspbooks.com.cn |
| 开　　本 | 889mm×1194mm　1/16 |
| 字　　数 | 192 千字 |
| 印　　张 | 10 |
| 版　　次 | 2021 年 7 月第 1 版 |
| 印　　次 | 2021 年 7 月第 1 次印刷 |
| 印　　刷 | 北京瑞禾彩色印刷有限公司 |
| 书　　号 | ISBN 978-7-5046-8855-2 / E·19 |
| 定　　价 | 88.00 元 |

# 致谢

本书作者感谢如下所有为本书撰写提供了回忆录、信息和建议的退伍军人、专家、官员和实习生们：

威拉德·布尔上校（美国海军陆战队）；亨特·杰西·道尔（加利福尼亚大学伯克利分校）；埃德·弗朗西斯（坦克博物馆）；大卫·O.冈萨雷斯（美国海军陆战队）；乔纳森·霍尔特（档案馆和图书馆高级职员，坦克博物馆）；伊恩·哈德森（坦克博物馆研究助理）；雷切尔·约翰斯通博士（美国陆军坦克机动车辆与武器司令部历史学家）；帕特里克·克恩（前美国陆军装甲部队军官）；凯利·金（加利福尼亚大学伯克利分校）；雅克·利特菲尔德（军用车辆技术基金会）；詹姆斯·吉姆·洛根上校（美军退役军官，XM-1项目组成员）；迈克尔·洛佩兹（美国海军陆战队）；罗布·麦库恩；斯科特·麦肯准将（美国陆军装甲部队司令）；马克·马兰卡准将（加州陆军国民警卫队）；威廉·J.墨菲博士（新英格兰理工学院人文社会科学副教授）；亚伦·艾略特·萨德威克（加利福尼亚大学伯克利分校）；布莱恩·斯塔克中校（加利福尼亚国民警卫队）；兰德尔·塔尔博特（美国陆军坦克机动车辆与武器司令部历史学家）；斯图尔特·惠勒（坦克博物馆档案馆和图书馆经理）；戴维·威利（坦克博物馆馆长）。

# 目　录

| 6 | 前言 |
|---|---|

| 7 | 译者序 |
|---|---|

| 8 | 简介 |
|---|---|

| 12 | 第一章　M1艾布拉姆斯主战坦克的前世今生：从提出需求到未来升级 |
|---|---|

| 军事需求 | 14 |
|---|---|
| M1 的战技指标、工程设计和工程研制 | 19 |
| 比测试验阶段 | 29 |
| M1A1 和 M1A2 | 31 |
| M1 坦克的生产与组装 | 38 |
| M1 系列坦克衍生型号 | 41 |
| M1 坦克未来趋势 | 44 |

| 46 | 第二章　杀伤力：从武器系统的配置到坦克炮 |
|---|---|

| 战斗室 | 49 |
|---|---|
| 炮塔控制装置 | 50 |
| 车长席 | 51 |
| 车长遥控武器站 | 55 |
| 炮长席 | 58 |
| 弹舱 | 64 |
| 外部工具箱 | 66 |
| 火控计算机 | 66 |
| 测距仪 | 67 |
| 车载武器系统 | 67 |
| 主要武器 | 67 |
| 未来主要武器 | 72 |

上页图中是美国海军陆战队一辆加装扫雷犁和链条快速挂脱机构（俗称"狗骨组件"）的 M1A1。2008 年 3 月 12 日，来自北卡罗来纳州勒琼营海军陆战队第 2 师第 2 坦克营的 M1A1，出现在弗吉尼亚州黑石陆军机场组织的演习中。美国海军陆战队第 252 空中加油机运输中队（位于北卡罗来纳州切里角）正在为该坦克进行快速地面加油（美国国防部供图）

| 74 | 第三章　战场生存能力：装甲、防护和隐身性能 |
|---|---|

| 装甲防护 | 76 |
|---|---|
| 灭火抑爆装置 | 78 |
| 隐身能力 | 81 |

| 86 | 第四章　机动性：动力、通过性、操纵性和载重 |
|---|---|

| 发动机 | 88 |
|---|---|
| 动力舱 | 98 |
| 驾驶室 | 101 |
| 传动装置 | 104 |
| 行动装置 | 105 |
| 悬挂系统 | 108 |
| 车体大灯 | 109 |
| 夜视功能 | 109 |
| 战略机动性 | 110 |

| 116 | 第五章　军事行动与服役经历 |
|---|---|

| 1980 年至 1990 年冷战时期 | 118 |
|---|---|
| 1990 年至 1991 年海湾战争 | 123 |
| 2003 年 11 月伊拉克战争 | 133 |
| 2010 年 12 月阿富汗战争 | 135 |
| 2014 年至今 | 137 |
| M1 系列坦克在美国以外地区的装备情况 | 138 |

| 142 | 第六章　衍生车型 |
|---|---|

| 架桥车系列 | 144 |
|---|---|
| 扫雷车和突击工程车 | 147 |

| 152 | 附录1　词汇表 |
|---|---|

| 155 | 附录2　技术指标 |
|---|---|

# 前言

**过**去的40年里，在对手眼中，M1艾布拉姆斯主战坦克绝对是历次局部战争中最不可忽视的存在。20世纪70年代，作为美国陆军"五大件"装备系统采购的核心，M1艾布拉姆斯主战坦克在战场上的表现，使其最终成为美军"空地一体战"理念的基本要素。从中欧战场到"沙漠风暴"行动，从巴格达和费卢杰的街道到韩国的山谷，M1艾布拉姆斯主战坦克的多功能性，彻底改变了美国的装甲战争样式。

布鲁斯·奥利弗·纽瑟姆和格雷格·沃尔顿完成的这部著作，详细描述了M1艾布拉姆斯主战坦克发展和演变的特殊历史背景以及许多被忽略的技术细节，这是一项极其重要和应时的工作。目前，美国迟迟未能展开新型主战坦克的研制。但实际上，替代者迟迟未能出现，恰恰是对M1艾布拉姆斯主战坦克最初设计者和后续迭代改进型号研发团队最崇高的致敬。M1艾布拉姆斯主战坦克的设计清楚地展示了其对杀伤力、防护力和机动性等性能之间完美的平衡配置，让同时代的竞争对手在相当长的一段时期内都难以望其项背。在MBT-70坦克和XM-803坦克研制失败之后，M1艾布拉姆斯主战坦克体现了"回归基本设计哲学"的指导思想，由此创造了一种与之前美国坦克设计理念完全不同的坦克。受到1973年中东战争的直接影响，设计师优先考虑坦克车组乘员的生存能力，例如，自动灭火抑爆系统、隔间和带引爆板的装甲舱壁。设置引爆板正是吸取了第二次世界大战中的M4坦克和后来装备的M60系列主战坦克殉爆的惨痛教训——敌方的炮弹在贯穿炮塔后点燃了储存在那里的弹药，并摧毁了整辆坦克。

装甲装备在现代战场上的任务非常明确——通过强大的火力、机动性和冲击力接近并摧毁敌方目标，M1艾布拉姆斯主战坦克为执行这一作战任务提供了绝佳的战术平台。但是，无论坦克设计得多么先进，最终还是离不开士兵的操纵。他们的毅力和坚强才是这些装备在世界军事史上赢得一席之地的关键。

**斯科特·麦肯少将**
美国陆军装甲部队司令

# 译者序

在本书翻译初稿之际，美国海军陆战队宣布，从 2020 年 7 月 7 日开始，正式解散位于加利福尼亚州 29 棕榈树基地的第 1 坦克营和位于彭德尔顿基地的第 4 坦克营。其所属的 M1A1 艾布拉姆斯主战坦克将全部移交给美国陆军，进行升级改造后重新服役，或出售给盟友。

这次调整，是美国海军陆战队为期 10 年改组计划的一部分。近年来，在叙利亚战场上，大量反坦克武器及远程无人机的出现，极大改变了各军事大国对未来战争的设想。为了应对未来登陆作战，实现部队现代化和轻量化，战斗全重 70 吨的 M1A1 艾布拉姆斯主战坦克显然不再适合美国海军陆战队的需求。无人装备、智能装备和高精度装备的出现，使得重型坦克这样造价高昂、移动相对缓慢的武器系统渐渐让人产生英雄迟暮之感。

美国海军陆战队第 4 坦克营营长马克·罗斯洛克上尉在其营队解散之际感叹道："尽管我们的坦克是一个很棒的武器系统，但归根结底，海军陆战队员才是部队胜利的关键。"大洋彼岸的这声叹息在不经意间应和了那句名言：武器是战争的重要的因素，但不是决定的因素，决定的因素是人不是物。

此外，在美国国防部刚刚发布的 2022—2025 年国防预算规划中，M1A2 艾布拉姆斯主战坦克改进研发预算依然数额可观。这也意味着，在美国陆军部队里，M1 系列坦克还将持续进行升级改造、更新换代，并在未来相当长的一段时期内，继续为美军服役。

在本书的翻译出版过程中，陆军某研究院郭显成工程师参与完成了本书的技术指标翻译，北京航空航天大学能源与动力学院刘传凯副教授、陆军某研究院王湛和张开忠两位高级工程师对本书部分内容的翻译校对提供了专业指导，在此一并表示感谢。

# 简介

从1941年的T20坦克开始,到20世纪90年代仍在美国陆军服役的M60坦克,美军主战坦克的进化之路一直按部就班,直到M1艾布拉姆斯主战坦克(简称"M1坦克")横空出世,才打破了这一局面。

早在1963年,美军就提出了研制新型主战坦克的军事需求,而直到1971年才正式开始M1坦克的采购计划。M1坦克于1980年正式服役,在冷战东西方对峙的背景下,短短几年时间,从美国到欧洲再到韩国,广泛部署。M1坦克先后经历了1991年的海湾战争、20世纪90年代后半期的前南斯拉夫内战、2003年3月的伊拉克战争,以及2010—2012年在阿富汗的军事行动等多次现代战争的考验。

M1系列坦克仅在美国本土就组装了近10 000辆,而在埃及则至少生产了1000辆。目前,美国保留了大约6000辆M1系列坦克,与此同时,已有2307辆获准向其他国家(澳大利亚、埃及、伊拉克、科威特、摩洛哥和沙特阿拉伯)出口或联合生产。

在美国陆军和海军陆战队的武器装备库中,M1坦克仍然是唯一在役的主战坦克,而且未来M1坦克极有可能继续在美军服役很长一段时间。

M1坦克项目在很短的时间内进行了数次

下页图 1991年2月28日,海湾战争停火当天,本书作者格雷格·沃尔顿在伊拉克与他的M1A1合影留念(格雷格·沃尔顿供图)

下图 1997年8月,在纽约州德拉姆堡陆军基地,本书作者布鲁斯·奥利弗·纽瑟姆站在宾夕法尼亚州国民警卫队参加演习的M1坦克前(布鲁斯·奥利弗·纽瑟姆供图)

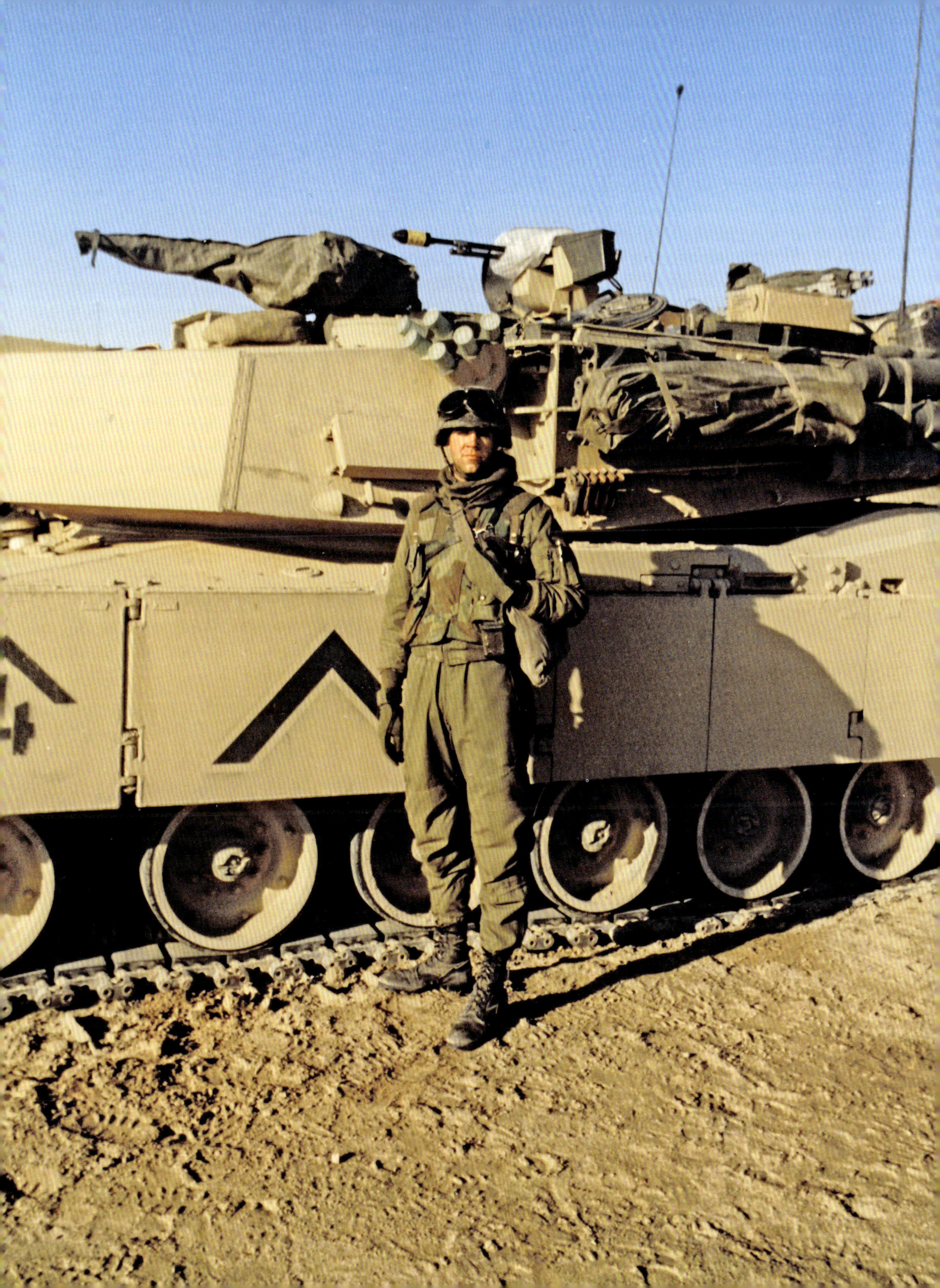

改进，产生了三个主要型号：M1、M1A1和M1A2。与此同时，在基型车的基础上，美军还开发了诸多特定作战环境专用配置套件，以及正在进行的升级和工程改型，这一切让M1坦克家族不断焕发出勃勃生机。作为一个已经使用了近40年，并且即将实现60年服役期（至2040年）的装甲平台，在经受漫长岁月的洗礼后，依然保持着旺盛的生命力，这确实耐人回味。

未来，随着技术的进步，M1坦克很有可能在性能上继续得到全方位的提升。它也许会配备更长炮管、更大口径的坦克炮，或是配备更加神奇的外部装甲防护材料，甚至有可能换装功率更大、更高效的柴油发动机。随之而来的，可能会有一个新的衍生型号，比如M1A3，或是推出新的基础型号，比如M2坦克之类。尽管许多西方国家对M1坦克的地面机动能力一直评价不高，但是M1平台的服役寿命之长，恰恰证明了美国军方当年做出的采购决定经得住时间和战争检验。

本书沿时代发展脉络，介绍了M1坦克从研制到列装、参战、改进的完整历史。同时也探讨了新时代战争形态的持续演进与M1坦克在未来战争中的发展潜力。

在本书中，读者可以看到作者与M1坦克共同经历的难忘岁月。书中很多照片反映的都是那些退伍军人、现役士兵和海军陆战队成员的亲身经历，有一些照片是作者在作战演习的间隙拍摄的，一些照片是坦克乘员和战地记者在一线战斗中拍摄的。

在本书中，作者就M1坦克的指挥、驾驶、射击、维护保养等经验与广大读者进行了分享。对于M1坦克的使用人员来说，这本书提供了很好的操作维护指导。

第一章介绍了M1坦克不为人知的研制历史，从最初的军事需求，不断变化的战术技术指标，再到多种方案设计、国内外承包商的竞争、更多功能型号形成系列的开发，以及随后

**下图** 1997年，美国海军陆战队官兵正将一辆M1A1装载到第5突击艇分队（ACU 5）的"DET BRAVO"号气垫登陆艇（LCAC）上，运送回加利福尼亚州彭德尔顿兵营白沙滩的"康斯托克"（LSD 45）号两栖船坞登陆舰（美国国防部供图）

的升级和翻新。

第二章介绍了车组乘员、作战舱、乘员战位、炮长和车长的火控系统、弹舱和外部工具箱、主要武器和辅助武器，以及未来可能的武器装备。

第三章介绍了M1坦克的战场生存能力，包括装甲材料、三防、迷彩喷涂、外形伪装和烟幕遮障功能。

第四章介绍了M1坦克的动力装置、传动装置、行动装置、悬挂系统、驾驶室、车体大灯和夜视功能、战略机动性与未来可能采用的发动机。

第五章回顾了M1坦克的参战经历。从冷战时期到1990年的海湾战争、2003—2011年美国在伊拉克的军事行动、2010—2012年美国海军陆战队在阿富汗使用M1系列坦克的经历，以及外国采购和使用M1系列坦克的相关情况。

第六章介绍了M1坦克的衍生车型，包括使用M1坦克底盘，与M1坦克伴随作战的机械化架桥车、履带式扫雷车、突击破障车和装甲救援车。

附录提供了一份实用的词汇表，以及M1坦克及其衍生型号的完整技术参数表。

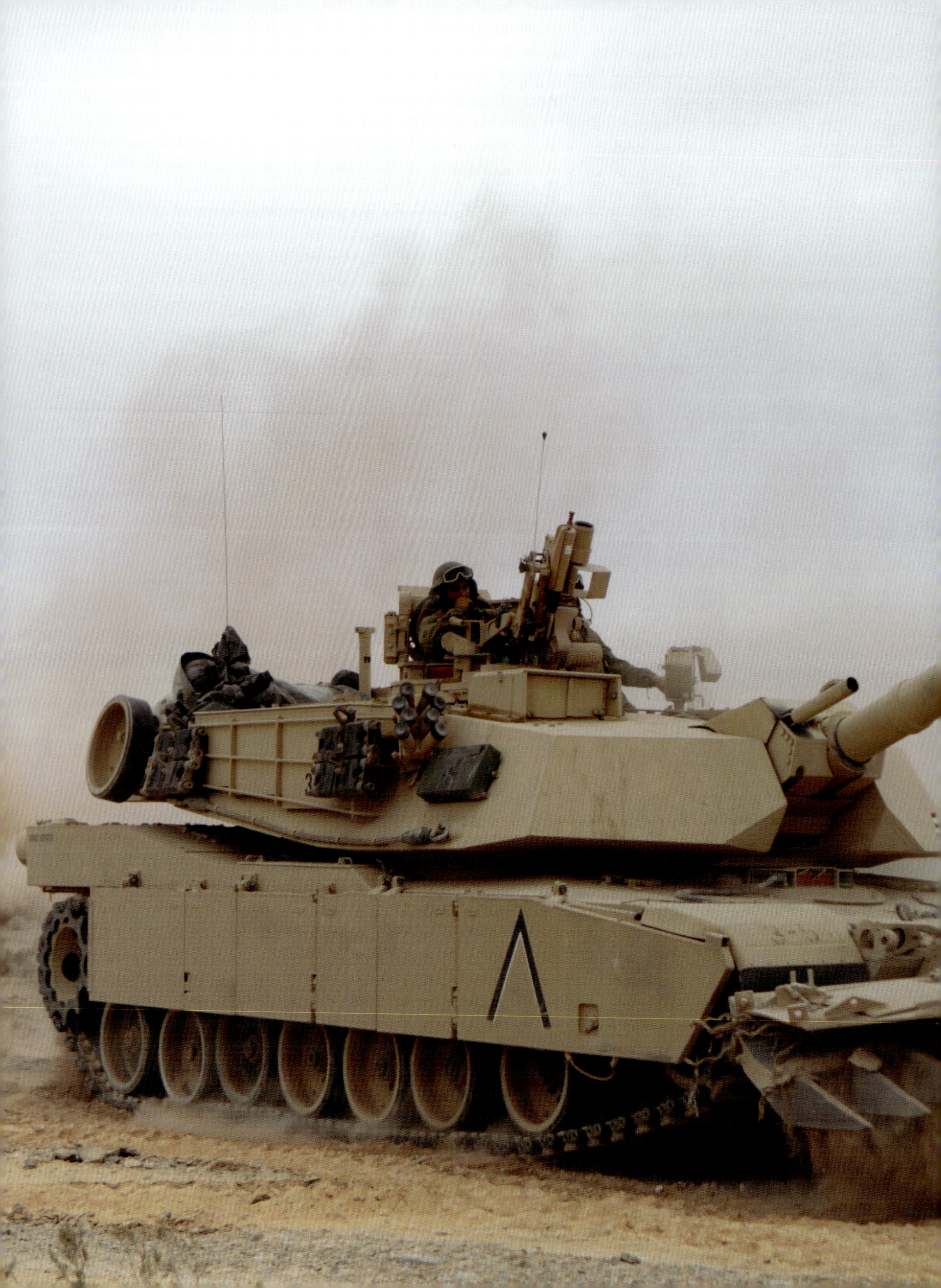

第一章

# M1艾布拉姆斯主战坦克的前世今生：从提出需求到未来升级

在德美两国联合研发 MBT-70 坦克失败的情况下，M1 坦克的研制却取得了成功，并最终接替 M60 坦克，成为美军历史上最具突破性的主战坦克。接下来，M1 坦克还将继续接受大范围的升级改造，其预期寿命可达 60 年——这几乎是最初军方要求的 2 倍——将一直服役到 2040 年。

插图 2013 年 6 月 23 日，美国海军陆战队第 4 陆战师第 4 坦克营一辆 M1A1，在加利福尼亚州 29 棕榈村的海军陆战队空地作战中心进行机械化攻击演习时，向模拟的敌方位置发起冲击（美国海军陆战队约翰·M. 麦考尔下士供图）

左图 从 1941 年 T20 坦克开始，发展出的第一个正式列装型号是 M26 "潘兴"坦克。该坦克于 1944 年年末定型。图中这辆 M26A1 于 1948 年交付部队（布鲁斯·奥利弗·纽瑟姆供图）

左中图 1948 年，美国陆军军械局开始在 M26 系列坦克的基础上，换装新型发动机和变速箱，定型为 M46 "巴顿"坦克。美军接收 M47 坦克后，这辆 M46 坦克移交给了韩国军队（布鲁斯·奥利弗·纽瑟姆供图）

## 军事需求

从 1941 年的 T20 坦克开始，到 20 世纪 90 年代仍在服役的 M60 坦克，美军装备的坦克大多表现平平。直到 M1 坦克的出现，才带来了真正突破性的变化。从 T20 坦克到 M60 坦克一路走来，美国与苏联、德国、英国和法国的同类竞争产品相比，在各方面性能上总是不能令人十分满意。

M60 坦克从 1960 年开始在美国陆军服役。由于军方的不满，刚服役几年，美国政府就资助了一项 M60 坦克的替代项目和一些改进计划。

在这些方案中，最重要的就是与德国（如未特殊说明，本书所述"德国"均指"德意志联邦共和国"）政府合作研发一型通用坦克。M60 坦克和"豹"式坦克都配备一门 105 毫米坦克炮，其性能与苏联 T62 坦克的 115 毫米坦克炮相比有很大差距，即使与 1949 年就出现的苏联 T54 和 T55 系列坦克的 100 毫米坦克炮相比也不占优势。更让人沮丧的是，当时苏联已经在研发 T62 坦克的改进型，其配备了当时最先进的 125 毫米滑膛炮，于 1964 年正式定型为 T64 坦克。

左图 1951 年，为应对朝鲜战争中 M46 坦克火力不足的危机，M47 坦克投入生产。M47 坦克是把 T42 坦克的炮塔安装在 M46 坦克底盘上，其炮塔装有 1 门 M36 式 56 倍口径（cal）的 90 毫米火炮，并配有体视测距仪（布鲁斯·奥利弗·纽瑟姆供图）

左图 M48 坦克装有一门经过改进的 M41 式 90 毫米主炮，坦克底盘尺寸的增加，使炮塔可以设计得更大，同时取消了航向机枪手，节省了坦克的内部空间和战斗全重。M48 坦克的生产始于 1952 年。左图是作者在坦克博物馆中看到的 M48 样车（布鲁斯·奥利弗·纽瑟姆供图）

右图 1960 年服役的 M60 坦克与这辆外形相近。它安装了一门 105 毫米 M68 式坦克炮，该型主炮之前已安装在 M48A5 上。图中这辆是改进后的 M60A1，它拥有尖鼻状炮塔，可安装涉水套件，战场生存能力得到提升（布鲁斯·奥利弗·纽瑟姆供图）

左下图 M60A2 安装了一门可发射炮射导弹的 152 毫米火炮。其旁边是一辆"豹"1 坦克（布鲁斯·奥利弗·纽瑟姆供图）

右下图 M60A3 是 M60A1 的改进型，它在 M60A1 的基础上配备了更先进的激光测距仪、火控计算机和横风传感器（布鲁斯·奥利弗·纽瑟姆供图）

15

第一章　M1艾布拉姆斯主战坦克的前世今生：从提出需求到未来升级

上图 M103 坦克作为 M48 坦克的火力支援力量，于 1957 年进入美国陆军和海军陆战队的战斗序列，但很快便被性能更为先进的 M60 坦克所替代。M103 坦克在发动机功率不变的情况下，配装了更大口径的 M58 式 120 毫米线膛坦克炮和更厚的装甲，与 M48 坦克相比拥有更高的火力和防护性能。由此也带来一系列技术难题，在 M103 坦克的整个服役期间，机动性及可靠性的不足一直困扰着这个大块头。从 T20 系列开始，美国研发的所有坦克的车高都比 M1 坦克高，而 M103 坦克的战斗全重更是超过了 M1 坦克。这张照片是一辆 1964 年完成的 M103A2 的最终改进版，其发动机和测距仪与 M60 坦克相同（布鲁斯·奥利弗·纽瑟姆供图）

"豹"式坦克的外部装甲很薄，以至于它更像是一辆中型坦克。"豹"式坦克所倡导的，依靠更小外形尺寸和快速机动性来保证战场生存能力的战术理念，在当时是极为不切实际的。相较之下，M60 坦克的铸造装甲虽然加工效率更高，但是防弹效果却并不是很理想，而且又显得过于高大。

M60 坦克的战场生存能力和隐蔽性远不如同时期的苏联坦克，而且后者在战斗全重上要轻得多。所有主战坦克的动力重量比和行驶速度几乎相差无几，因此如何平衡机动性和装甲厚度，对坦克设计人员来说是个始终绕不开的难题。"豹"式坦克是迄今为止机动性最强的坦克，1966 年服役的英国"酋长"坦克在杀伤力和生存能力上较"豹"式坦克有一定的优势，但是在机动性和可靠性上则略处下风。

上图 这是一辆 1966 年开始在德国军队服役的"豹"1 坦克，现陈列于坦克博物馆（布鲁斯·奥利弗·纽瑟姆供图）

右图 这是一辆"酋长"MK2坦克，是该系列坦克投入使用的第一个型号，于1967年出厂（布鲁斯·奥利弗·纽瑟姆供图）

## 从MBT-70到XM-1的演变

1963年8月，美国和德国政府联合研发了一种通用型主战坦克，命名为MBT-70。迄今为止，这是资金投入最充裕、最具创新性的坦克研发项目。该项目也面临着政治和技术方面的巨大风险。

1969年，由于美德两国在坦克设计理念上的巨大差异，加之MBT-70项目进展过程中经费预算不断超支，德国最终退出了这一联合研发项目。1970年，美国继续研发了一个简易版本（编号XM803），但由于成本和技术风险不断攀升，美国国防部不得不放弃了MBT-70坦克的研发。1971年12月12日，美国国会宣布取消XM803项目，同时指定成立一个MBT坦克项目工作小组，要求以比MBT-70坦克更快的进度和更严格的成本控制来开发一种全新的坦克。为了彰显美国坦克设计的重大突破，该计划被命名为XM-1项目，也正是此时，美国传统的坦克进化路线到M60A3这一型号正式落幕。

1972年8月MBT坦克项目工作小组解散前，该小组一直主持着XM-1坦克的军事需求和技术规范的拟制。MBT坦克项目工作小组解散后被XM-1项目经理办公室（PMO）取代。XM-1项目经理办公室的成员由不同的项目经理组成，其中大部分来自MBT坦克项目工作小组。美国国防部（United States Department of Defense，DOD）将样车研制及验证合同授予了克莱斯勒公司和通用汽车公司，并计划于1976年选择其中一家公司继续新型主战坦克的研发工作。

诺克斯堡装甲兵中心指挥官威廉·德索布里少将曾被任命为MBT坦克项目工作小组的

下图 1972年夏天，MBT坦克项目工作小组在当时美国陆军坦克装备司令部的T30坦克旁合影留念。人群中间个子最高的是德索布里少将，二排右二是洛根少校（詹姆斯·洛根供图）

17

第一章 M1艾布拉姆斯主战坦克的前世今生：从提出需求到未来升级

上图 第二次世界大战期间，苏联和纳粹德国的重型坦克强悍的火炮给美军留下了深刻印象。在战场上吃尽苦头的美军，从1944年开始在坦克上试装105毫米火炮（T29坦克）和155毫米火炮（T30坦克）。图中是一辆1947年交付部队的T30坦克，今天在美国陆军坦克机动车辆与武器司令部的草坪上仍然可以领略到它昔日的风采（布鲁斯·奥利弗·纽瑟姆供图）

负责人。詹姆斯·洛根少校先后在MBT坦克项目工作小组和项目经理办公室工作，他提道：

项目工作小组的任务是编制和优化《装备需求及工程研发》文件。我们关心的是新型坦克的军事需求。一旦签订合同，克莱斯勒公司和通用汽车公司就要据此拿出符合需求的设计方案……除装甲和武器，其他设计上的决定权都会留给承包商。项目经理办公室不可以对技术方法提出任何具体建议，甚至也不允许对承包商采用的技术途径进行评论。我们的工作只限于提出明确的军事要求，而非给出技术上的解决方案。

## 哪个部门具体负责管理美军坦克的采购工作？

1950年10月，美国陆军成立了坦克及机动车辆装备司令部（Ordnance Tank-Automotive Center, OTAC），管理底特律西南地区在全国范围内的采购工作。1953年朝鲜战争结束后，这个职能得以保留。

陆军装备司令部（Army Materiel Command, AMC）成立于1962年，负责管理新研武器系统的开发和部署，并从军械司令部接收了坦克及机动车辆装备司令部。1967年，坦克及机动车辆装备司令部更名为坦克及机动车辆司令部（Tank Automotive Command, TACOM），总部搬到了位于密歇根州沃伦市的底特律兵工厂。坦克及机动车辆司令部负责处理陆军与装甲装备相关的所有合同。同时，生产职能进一步外包给承包商，政府下属的军工厂可以专注于装备的研发和对现役装备性能的提升。

当时，美国陆军主要的两个司令部分别是成立于1955年的大陆陆军司令部（Continental Army Command, CONARC）和成立于1962年的战斗发展司令部（Combat Developments Command, CDC）。大陆陆军司令部负责美军在全球范围内的训练和条令工作，并直接管理驻扎在美国本土（CONUS）的6支陆军部队。自1973年7月1日起，艾布拉姆斯将军开始组建美国陆军训练与条令司令部（TRADOC），从美国大陆陆军司令部接收了训练与条令工作，并接管了战斗发展司令部。而美国陆军司令部（FORSCOM）则接管了美国本土的陆军部队。

冷战结束后，美国军队规模缩小。坦克及机动车辆司令部沿用了陆军装备、弹药和化学司令部（位于伊利诺伊州岩岛兵工厂）的装备管理职能与陆军研究开发和工程中心（位于弗吉尼亚堡贝尔沃）的后勤补给、反机动作战、饮用水净化、燃料和油料储存等职能。此外，美国陆军装备司令部授权坦克及机动车辆司令部接管美国武器研发和工程中心（位于新泽西州皮卡蒂尼兵工厂）。这些机构的职能合并和结构调整从1994年7月1日开始生效。1994年10月1日，坦克及机动车辆司令部更名为陆军坦克机动车辆与武器司令部（Tank-automotive and Armament Command, TACOM），更名后的首字母缩略词保持不变。1997年，陆军坦克机动车辆与武器司令部从美国陆军航空司令部接管了水上飞机、铁路、石油补给、水上物流、桥梁和工程设备等相关工作。

从2004年8月起，陆军坦克机动车辆与武器司令部和有关的项目执行办公室合并为陆军坦克机动车辆与武器全寿命管理司令部。合并之后，它成为陆军3000多个地面武器系统的综合物流供应部门，其管理的设施遍及5个州和81个国家，拥有超过11万平方米的研发中心和35万平方米的厂房设备，以及超过11 000名员工。而负责坦克研发和工程设计的仍然是位于沃伦市的坦克机动车辆研发和工程中心（Tank Automotive Research, Development and Engineering Centre, TARDEC）。

## M1的战技指标、工程设计和工程研制

MBT坦克项目工作小组在厘清了新研坦克的军事需求之后,就开始着手明确该项目战术技术指标的一些细节。据詹姆斯·洛根回忆,工作一开始,项目小组首先对新型坦克进行了广泛的调研咨询:

在坦克项目工作小组成立之初,德索布里将军给几位第二次世界大战期间装甲部队的高级领导写了一封信。这其中包括布鲁斯·克拉克、吉米·波克、哈尔·帕蒂森、吉米·里奇等人。他在信中写道,由于承担了研发新型坦克的使命,请他们就理想中坦克应具备的特征和这些特征的优先顺序提供意见。

这些久经沙场的装甲部队老兵在回信中写道,他们给出的意见是在克拉克将军牵头组织下,大家深思熟虑、共同得出的结论。虽然部分观点可能让人难以接受,但是这些意见确实能代表他们在第二次世界大战战场上的宝贵经验。按照他们的意见,一辆坦克最关键的有三个部分,按重要性排序,分别是坦克履带、车载机枪,以及坦克主炮。他们还建议,一辆坦克至少需要配备5名乘员,这样在一名乘员伤亡的情况下,其余乘员仍然能够驾驭坦克完成作战任务。

站在第二次世界大战的角度,这些建议确实很有指导意义。但是立足现实,他们的观点又过于僵化保守,对于研发划时代意义的新型坦克没有太大价值。

MBT-70坦克在论证之初,就提出了一些非常超前的战术技术指标。虽然没有全部成为现实,但是在其基础上,德国更进一步开发出了"豹"2坦克。至于液气悬挂装置,自动装弹机和单人驾驶舱等在当时看来最激进的指标,后来也被证实是切实可行的。

虽然那些最激进的指标并没有从MBT-70坦克移植到XM-1坦克上,但值得庆幸的是,很多关键的创新性技术得以延续。最终,XM-1坦克和"豹"2坦克一样,并没有像MBT-70坦克那么激进,但是单从战术技术指标上看,相较于M60坦克依然算得上是重大突破。

下面将从以下几个方面,介绍M1坦克与M60坦克相比主要的替代性战技指标:

- 战斗全重
- 动力装置
- 悬挂装置
- 主要武器
- 辅助武器
- "车长-炮长"式火控系统
- 激光测距仪
- 自动装弹机
- 间隙式装甲
- 层压和复合装甲
- 油箱配置
- 车组乘员配置
- 炮塔回转装置

上图 MBT-70坦克具有同时期最出色的机动性,这归功于它先进的液气悬挂装置、动力强劲的发动机和较低的战斗全重。通过将所有坦克成员集中在炮塔中的气密小座舱式操纵席,控制车高和车长;并用自动装填装置代替手动装填,这些举措在一定程度上减轻了坦克的战斗全重。但是,当其他国家已经研发出替代性装甲材料的时候,MBT-70坦克仍在采用钢制装甲板(坦克博物馆供图)

## 战斗全重

从MBT-70坦克到XM-1坦克的演变过程中，一些指标并没有发生改变。例如，坦克战斗全重必须限制在54.4吨以内。这主要考虑到当时北大西洋公约组织（以下简称"北约"）对军用装备最高载荷的限制是54.4吨。

XM-1坦克全重的最高上限为52.2吨。詹姆斯·洛根参与了这一指标的确定：

> 项目工作小组在论证坦克战斗全重的上限时，位于马里兰州阿伯丁的弹道研究实验室（BRL）提供了一张图表，详细列举了坦克在满足装甲防护的基础上，所能允许的最低重量。早期坦克的正面装甲大多采用弧形，从第二次世界大战中的统计数据来看，大部分命中坦克的射弹都集中在正面60°的一个圆弧范围内。在确定坦克的战斗全重时，既要保证足够的装甲厚度，又要尽可能降低重量以提高机动性。经过严格计算，坦克52.2吨的战斗全重几乎已经达到设计极限。为此，项目负责人巴尔将军和装甲兵司令史塔里将军共同签署了一项协议，其中规定了在整个XM-1坦克研发过程中，出现任意一处可能增加重量的变化，都必须在其他部位减少相同重量来进行抵消。

与美军最新升级的M1A2接近66吨的战斗全重相比，XM-1坦克在研发过程中对重量指标的控制做得非常好，基本上严格执行了论证初期双方在重量限制上达成的共识。

下图 1979年首批出厂的2辆"豹"2坦克在进行展示（坦克博物馆供图）

## 动力装置

同日本一样，苏联军工部门及其许多客户和进口商数十年来一直对柴油发动机（压燃点火）非常青睐。英国、法国、意大利等国家的研发人员将火花点火式发动机（汽油机）和压燃式发动机（柴油机）混合使用，降低了后勤保障效率。不过他们都承认，采用柴油发动机，并且使用单一类型燃料，效率相对比较高。尽管德国人为"豹"1坦克选用了10缸V型柴油发动机，但是传统上，德国人和美国人在装甲车辆中更倾向于使用火花点火式发动机以提高发动机的可靠性和行驶速度。1949年，美国陆军就制订了坦克专用发动机计划，不过直到1958年，才正式采用柴油作为所有坦克的统一燃料。1959年，美国陆军将所有已经服役的坦克（当时最新式的是M48"巴顿"坦克）改装成压燃式发动机。与此同时，北约也在讨论在所有成员国中实行柴油标准化。

在MBT-70坦克动力装置的选择上，德国人和美国人都认可使用柴油发动机。美国人希望大陆汽车公司在M60坦克采用的551.6千瓦12缸V型柴油机的基础上开发一个加强版本，将功率提高到1103.2千瓦，这就是新一代AVCR1360风冷可变压缩比涡轮增压柴油发动机。当时，大陆汽车公司也对采用燃气轮机跃跃欲试。

德国人则寄希望于戴姆勒-奔驰公司生产的新一代12缸V型柴油发动机。他们很快选定了位于腓特烈港的发动机及涡轮机联盟弗里德希哈芬股份有限公司（戴姆勒-奔驰公司的子公司，以下简称MTU公司）生产的12缸V型柴油发动机，最终的试验结果在动力、可靠性和布局方面都非常令人满意。当时，MTU公司已经在坦克设计上提出并完善了"动力舱"的概念，即将发动机及其辅助设备打包成一个整体模块，从而提高战场抢修效率。

德国人将模块化动力装置从MBT-70坦克沿用到了"豹"2坦克上，将动力装置的更换时间从30分钟缩短到了15分钟，并在后续型号中继续保留了这种12缸V型柴油发动机的改进版本。该发动机的改进型动力更加强劲，输出功率超过 1470 千瓦。

美国人最终剑走偏锋，选择了燃气涡轮发动机作为 M1 坦克的动力装置。由于燃气涡轮发动机具有较高的加速度和较轻的重量，通常只在飞机上使用。其另一个优点是可以使用包括柴油在内的多种燃料。第四章对燃气涡轮发动机进行了详细介绍。早在 XM-1 坦克研发计划之前，美国陆军就对燃气涡轮发动机产生了兴趣，大陆汽车公司曾计划在 MBT-70 项目中尝试采用燃气涡轮发动机。对于 XM-1 项目而言，克莱斯勒公司提供了一种燃气涡轮发动机方案，其竞争对手通用汽车公司提出使用大陆集团的 AVCR1360 发动机（在此期间，大陆汽车公司被特立丹公司收购）。由于 XM-1 的重量最初仅为 52.2 吨，克莱斯勒公司希望使用最轻的发动机以实现其他指标。由于 AVCR1360 在 XM-803 坦克（低配版的 MBT-70 坦克）上表现不佳，该项目的负责人和陆军坦克机动车辆与武器司令部的官员对燃气涡轮发动机的可靠性和燃油效率普遍持怀疑态度。作为 XM-1 项目的负责人，詹姆斯·洛根这样回忆道：

我还记得艾布拉姆斯将军在 XM-1 坦克的选型简会上对大陆集团（A）VCR 柴油机提出的问题。XM-1 坦克的总工程师吉恩·特拉普对提高坦克性能所做的设计变更进行了解释说明。之后，艾布拉姆斯将军说，他对研发团队能够在一次一次的失败中重获信心继续前行感到非常敬佩。对于燃气涡轮发动机，有人担心它的可靠性问题，其燃油效率更是饱受质疑。在坦克的研制过程中，燃油效率始终是困扰项目经理的瓶颈。尽管存在这些顾虑，但燃气涡轮发动机毕竟代表了动力装置技术进步的趋势，而且是一种完全不同的设计理念。除了外部装甲和克莱斯勒公司给出的燃气涡轮发动机方案，两个公司的设计都没有跳出常规坦克设计思路的局限。

尽管其他国家的采购商对于在新型坦克上使用燃气轮机可能面临的技术风险，普遍不能

上图 **MBT-70 坦克的液气悬挂装置处于最大车高模式**（坦克博物馆供图）

下图 **最小车高模式**（坦克博物馆供图）

接受，但美国的坦克设计人员在技术风险与新技术带来的社会效益和政治吸引力之间，仍然选择了一条更富有挑战性的道路。1976 年 12 月，由于多方面的原因，克莱斯勒军品部门最终获得了 M1 坦克的开发合同，至此，M1 与其标志性的燃气涡轮发动机一起问世了。

## 悬挂装置

20 世纪 50 年代，尽管英国人坚持使用螺旋弹簧减震，但大多数开发人员已经逐渐接受在坦克上使用扭杆悬挂。液气悬挂技术最早使用在 20 世纪 30 年代初的轮式车辆上，1938 年应用在了维克斯轻型坦克上。经过近 20 年的实践检验，液气悬挂在轻型车辆上的使用已非常成熟。1957 年，美国陆军军械部在试验

型 T95 中型坦克上进行了液气悬挂试验。与此同时，瑞典人在装备有 105 毫米火炮的 S 型坦克上研发了液气悬挂装置，这种坦克直到 1967 年才服役。1964 年，美国人和德国人同意在 MBT-70 坦克上尝试液气悬挂装置。

在该系统中，承载负重轮的机械臂作用在装有液压油和惰性气体的气缸上。其优点是在没有减震器、缓冲垫或减震弹簧的情况下，悬架就能吸收震动带来的阻尼力。液气悬挂系统还可以通过降低或者增加气压，对每一个负重轮进行单独调整，以提升行驶的平稳性。这意味着可以将车体一侧下降，从而根据离地间隙或坦克掩体的高度，相应地降低或升高车辆的整体受弹面，或者在地面不平坦的情况下调整火炮的射击角度。在设计上，MBT-70 坦克可以在驾驶室对车体高度进行调整，其车体下装甲板离地高度可以从 100 毫米调整到 710 毫米。

液气悬挂装置位于车体两侧，安装调试方便。而扭杆悬挂则需要横穿整个车体，会占据车体内部空间，导致车体高度增加 150 毫米左右。

材料设计和机械磨损方面的技术问题相对简单，到 20 世纪 60 年代，扭杆悬挂在装甲车辆上的应用已经非常成熟。而在同一时期，液气悬挂由于价格昂贵，结构复杂，技术风险高，很少有大型车辆采用这一技术。考虑到液压油的密封和气缸阀门的布局等问题，液气悬挂系统的维修和保养难度更大。特别是对于大型车辆装备，在不同温度下，液气系统的性能会有所不同，因此在低温启动和长时间行驶温度升高后都必须调整履带张力。液压油与压缩空气之间的密封很难做到严丝合缝，在气压下降过大时，需要对压缩空气进行重新加压。

MBT-70 项目被叫停后，德国人和美国人都为各自的后续坦克选择扭杆悬挂方式。如果他们当时能够坚持的话，很有可能成为 20 世纪 70 年代最先在主战坦克上部署液气悬挂装置的国家。但是最终的技术方案还是要取决于坦克的承包商，参与项目的两家公司都没有在坦克上使用液气悬挂装置的经验，正如詹姆斯·洛根回忆的那样：

我们曾经多次对液气悬挂装置和扭杆悬挂装置的优缺点进行讨论，但是，军方对坦克机动性的要求只是坦克要达到在各种地形条件下的战术机动速度，至于采用何种技术路线来满足要求，由承包商来决定。

同时，扭杆悬挂在坦克上的应用也在不断地改进优化。与 M60 坦克 203.2 毫米的负重轮悬挂行程设计相比，XM-1 坦克的扭杆悬挂装置性能显然更加强大，它可以实现 381 毫米的负重轮悬挂行程，这几乎与液气悬挂装置可以提供的负重轮悬挂行程相当。洛根为两种参与投标的样机设计了专用的越野试车道，其中包含为测试 MBT-70 坦克而修建的"4 号地形"线路，这是由一系列起伏高度达 304.8 毫米类似正弦波组成的起伏路面。在军方规定的每小时 32.19 千米速度下，2 辆竞标坦克都顺利通过了整个测试路段。相比之下，M60 坦克在通过第二个正弦波时两侧前轮掉落，车辆失去控制，最终造成驾驶员手臂骨折。

## 主要武器

在坦克主炮的选择上，M48"巴顿"坦克是美国最后一款搭载 90 毫米主炮的坦克，其后续改进型则换装与 M60 坦克相同口径的 M68 式 105 毫米坦克炮（原型是英国的 L7 型 105 毫米线膛炮，在美国特许生产后，被美国军方命名为 M68），这一型坦克炮先后应用到了 M60A1、M60A2 和 M1 坦克的早期型号上。

1963 年，美国和德国决定在 MBT-70 上使用可发射炮射导弹的 152 毫米坦克炮。尽管口径要大得多，但他们还是要求火炮重量和长度都不能超过 M60A1 的 105 毫米火炮的一半，这是他们的指标中最成问题的。这种火炮在发射时产生的发射信号和后坐力过大，后来还出现了故障率过高的问题，这在重量更轻的 M551"谢里登"轻型坦克上最为明显。

1971 年，MBT-70 坦克项目被取消后，虽然美国和德国都指定在在役的最新式坦克上使用 105 毫米火炮，但都默契地将一种新的德国 120 毫米滑膛炮作为换代产品。在设计 XM-1 坦克时，105 毫米火炮仍然具有很大的改进潜力。例如，瑞典的博福斯提供了 62 倍口径火炮，功能也更强大。自 1967 年以来，62 倍口径 105 毫米火炮被安装到瑞典 S 型坦克上。

鉴于此种情况，M1 最终采用了 105 毫米主炮，但是预留了升级空间。坦克炮成熟的设计，以及之前特许生产 M68 式 105 毫米坦克炮而建立的工业能力，使得整个坦克的采购更加快速，技术上的风险也更小。此外，相较于另一款候选产品，即重达 1780 千克的英国 120 毫米 L11 式坦克炮，105 毫米主炮的尺寸更小，重量更轻，只有

1260 千克。

从 20 世纪 60 年代末 M103 坦克被 M60 坦克取代后，美国军队就再也没有使用过 120 毫米坦克炮。直到 1986 年，莱茵金属公司生产的 120 毫米滑膛炮在"豹"2 坦克上成为标准配备，120 毫米坦克炮才在 M1A1 上重获新生，并成为世界各军事强国主战坦克炮的主流口径。

## 辅助武器

到目前为止，美国所有的坦克都会安装有一挺与坦克炮同轴的 7.62 毫米机枪 [(通常被称为"同轴机枪"或"并列机枪"(coax)]。MBT-70 坦克除了装有一挺 7.62 毫米并列机枪，还在炮塔顶部左侧带盖的小型炮塔中装有一门 20 毫米机关炮。这种机关炮采用了与全景式潜望镜联动的遥控操纵方式，车长不必到坦克外面就能够控制。

XM-1 坦克本来可以采用相同的组合——甚至可以采用外部电源供电的 25 毫米链式机关炮。该炮通常作为步兵战车（IFV）和侦察车的主要武器。1981 年，M242 型"大毒蛇"25 毫米链式机关炮在 M2"布雷德利"步兵战车和 M3 型骑兵战车（CFV）上投入使用。同一时期，30 毫米、35 毫米、40 毫米和 50 毫米等更大口径的机关炮也正在研发。与 M240 型 7.62 毫米机枪相比，这些机关炮火力更猛，体

上图 图片拍摄于 1997 年，一辆 M1 坦克停在纽约州德拉姆堡基地射击场。M1 坦克的炮长瞄准镜位于炮塔顶部 105 毫米主炮的外侧（从正面看是在主炮的左侧）。车长位于瞄准镜后方，配有一挺 12.7 毫米 M2"勃朗宁"机枪。装填手位于车长另一侧，安装有一挺 7.62 毫米 M240 机枪（图片中这辆车并未安装）。从照片中可以看出，这辆 M1 坦克的车载通信天线已经安装到位，而相邻那辆坦克的通信天线还没有安装（布鲁斯·奥利弗·纽瑟姆供图）

左图 这是在 1991 年韩美"团队精神"联合军事演习期间，第 72 装甲团（AR）1 营 B 连 1 排副排长威廉·墨菲中尉和他的驾驶员在一辆 M1 坦克上。B 连及其配属的步兵排在这里建立了 360°的环形集结地域，进行弹药补充、加油并完成必要的装备维护保养，为执行接下来的任务做准备（威廉·墨菲供图）

积也更大。7.62毫米机枪长1263毫米，25毫米机关炮长2743毫米，30毫米机关炮长3492.5毫米。詹姆斯·洛根讲述了下面这个故事：

> MBT项目工作小组非常想开发一种口径更大、杀伤力更强的并列武器。早期研发阶段的"大毒蛇"看起来是一个非常符合逻辑的选择。MBT团队的分析人员经过模拟仿真分析，得出结论：战场上很多被坦克主炮锁定的目标其实完全可以由并列的口径更小的武器来实施打击。因此，我们把对并列机关炮的这一需求写到《装备需求及工程研究》当中。
>
> MBT项目工作小组在1972年8月解散时，我作为XM-1项目成员留在了位于诺克斯堡的战斗发展司令部装甲局。艾布拉姆斯将军指挥对装备需求清单进行核查，从而确保没有夸大装备需求的"镀金"情况存在，我受命具体负责这项工作。我认为有10个项目可以认定为存在潜在的"镀金"内容，其中就包括"大毒蛇"并列机关炮方案。分析人员认真研究了他们提供的模型，并重新核算了成本/收益情况，但最终还是将它保留在了研发指标文件当中。
>
> 1973年，我被调任到项目办公室，担任测试管理处处长。两大承包商在签订开发合同后不久，就开始对"大毒蛇"并列机关炮表示担忧，尤其是它采用的双链供弹方案。吉恩·特拉普同意与承包商举行会议，并邀请了"大毒蛇"项目经理参加。吉恩·特拉普为大家展示了3套备选方案的完整模型，分别为25毫米、27.5毫米和30毫米口径机关炮。我不知道读者中是否有人在XM-1坦克的购物清单里看过这些怪物，反正我没有见过。吉恩当时在第一时间就意识到，这些机关炮没有一个适合集成到坦克炮塔当中，它们与坦克炮并排放在一起的样子想想都让人觉得可笑。

由于否决了并列机关炮的方案，7.62毫米M73机枪被指定为坦克并列机枪。同时，之前已经配装在M60坦克上的12.7毫米M85机枪被指定为车长机枪，这两种机枪都是由岩岛阿森纳兵工厂制造的。1974年年初，项目管理办公室就开始听到一些这两型机枪在使用过程中存在可靠性问题的传闻。为了加强竞争，一些私营枪械公司逐渐被引入并列机枪的竞争当中：1977年，比利时FN公司的7.62毫米机枪击败了M73车载机枪，被美军定型为M240机枪。"勃朗宁"12.7毫米M2机枪击败了M85坦克机枪，成为车长机枪。

在后续的改进过程中，又增加了机枪手遥控武器站和专用装甲护盾，甚至在顶部配备了第3挺机枪。

## "车长－炮长"式火控系统

车长的视野通常是宽全景视野，适合搜索目标，而炮长的视线通常更窄、更远，适合交战过程捕获目标。1965年，德国在"豹"式坦克车长位置部署了潜望式车长周视镜。车长使用这种装置便可独立搜索目标，并可对火炮实施超越炮长控制。在装备采购中，这种能力被称为"猎歼式"。这个术语原意指的是车长与炮长职责分工，车长负责"猎"，而炮长负责"歼"。该功能后来被称为"战场管理"或"多目标管理"，也许将其称为"车长－炮长"式火控系统比较恰当。

## 激光测距仪

即使在20世纪60年代，大多数坦克成员只能通过炮长光学瞄准具上面的视距分划来确定坦克到目标之间的距离。利用视距法原理，首先以现有敌方典型主战坦克的高度或宽度为基准，在分划板上刻有相应距离的曲线，通过目标图像重叠的视距刻度来测定目标距离。

"豹"1坦克的测距仪几乎占据了整个炮塔的宽度。而当时英国坦克采用的是利用测距仪枪来测定目标距离。机枪的弹道被设置成与主炮相似，炮长用火炮对准目标后，先用测距仪枪打一个点射。如果击中目标，炮长就知道瞄准角是准确的，可以命中目标。

德国和美国都同意在MBT-70坦克上使用

激光测距仪。测距仪工作时首先将激光发送到目标表面，然后通过激光反射所需的时间来计算距离。这种激光测距仪首先部署在1973—1975年生产的M60A2上，后来也被指定用于XM-1项目。

## 自动装弹机

20世纪60年代，几乎所有的坦克和反坦克炮都配备的是定装式炮弹，这种炮弹的弹丸与药筒（包含化学推进剂）装配在一起。定装式炮弹的外壳通常由黄铜制成，射击过程中铜具有良好的延展性，便于贴膛。然而，随着坦克主炮口径的增大（MBT-70坦克主炮的目标是从105毫米口径跃升到152毫米口径），定装式炮弹的手工装填变得非常艰难。一种解决办法是，将弹丸与药筒分开，装药量可根据需要进行变换，以便调节初速和射程，并且可以在弹膛内部燃烧而无须退壳。其弹壳较重，体积较大，而且如果坦克被击中着火后，发生弹壳穿孔或者泄露有毒烟雾，则更容易出现炸膛。

另一种解决办法是，为装填手提供某种形式的机械辅助。早期在这方面的尝试并不尽如人意，但是从长远来看，机械装填有望完全淘汰手工装填。20世纪50年代末，低调的瑞典人选择为其S型主战坦克研发自动装弹机，并于1967年装备部队。到1963年，苏联已经为T62坦克的后续型号开发了自动装弹机，从1964年开始装备部队，并命名为T64坦克。

由于MBT-70坦克主炮口径大，为了减小其战斗室的尺寸，为其配备了自动装弹机。不过，由于当时的自动装弹机经常出现故障，因此在XM-1坦克和"豹"2坦克上又调整为人工装弹。詹姆斯·洛根回忆道：

一些人对于自动装弹机抱有太多不切实际的幻想。在我们这个工作小组中，从来都没有人提议在坦克上使用自动装弹机。我相信，大多数人都觉得自动装弹机会带来很多不必要的麻烦，在可靠性、适用性、可维护性和耐久性上存在太多问题。更重要的是，没有人会愿意将坦克上的装填手换成一台不能站岗、不能维修机械故障、不能在遇到困难时解决问题的机器。

## 间隙式装甲

早在第二次世界大战爆发之前，军方的武器采购人员就一直尝试在坦克上安装"间隙式装甲"。这是一种由若干个独立装甲板组合而成的特殊结构，每两块装甲板之间存在一定的空隙。理论上讲，一发弹丸穿过硬质材料进入空气中时，受到其初始路径的干扰，可能出现应力弯曲或破碎，也有可能会能量耗尽，那么穿透第二块装甲板的可能性就更小。这样一来，在相同厚度的情况下，两块有间隙的装甲板可以获得比单独一块装甲板更好的防护效果。

此外，间隙式装甲还可以将性能互补的装甲材料结合在一起，例如，在采用一种高硬度的装甲钢板的同时，再加上一种高韧性的装甲钢板，从而确保坦克装甲在被击中的情况下不会发生毁灭性的开裂。

间隙式装甲倾斜放置时可以取得最佳的防护效果。20世纪60年代，德国人在其"豹"1坦克炮塔外部加装了额外的装甲，并与结构装甲之间留出一定的空间。苏联人采用倾斜的间隙式装甲，主要是考虑到它可以拦截英国碎甲弹爆炸后产生的破片。

美国和德国联合研发的MBT-70坦克的样车外部装甲具有一定的倾斜角度，并相互隔开，其外层由硬制合金钢组成，内层由韧性好的装甲钢板组成。目前，XM-1坦克所采用的装甲材料仍然处于保密状态，它很可能沿用了MBT-70坦克的装甲材料，不过从M1坦克的外部来看，它的装甲没有MBT-70坦克或"豹"2坦克那样明显的倾斜角度。

## 层压和复合装甲

在XM-1项目开展的同时，新型反坦克导

弹的威力也在不断提高，苏联、美国和英国等先后提出了坦克用新型装甲材料的解决方案，就是将性能互补的不同材料结合在一起，例如，外部使用高硬度装甲钢，中部采用更坚硬或更脆的材料，内部是一层厚厚的防弹片内衬。这种类型的装甲被称为"乔巴姆装甲"，因为它是1963年到1966年期间在英国一个叫"乔巴姆"的小镇首先研制成功的。乔巴姆装甲可以比较准确地描述为是不同材料的层压板，层压装甲是多种不同材料的黏合或层状组合，通常在车辆开始组装时安装，而反应装甲通常在车辆组装完成后安装。

仅从字面上理解，人们很容易对层压装甲和"复合"装甲产生混淆。"复合"装甲不一定是层压的，但本质上也是由物理和化学性能上不同的材料混合、加压和加热复合而成，从而生产出具有不同于其组成材料特性的新材料。复合材料通常用来作为层压装甲中间硬度较高的那层。

1957年，美国陆军军械部对旨在替代M48坦克的T95坦克进行测试，这是美国首次证明其拥有了层压复合装甲。在T95坦克中，装甲的内外两侧是钢板层压板，中间是硅质复合材料（熔融的石英），这种装甲相比于同等重量的钢质装甲对定装式炮弹具有更好的抵抗能力。T95坦克项目于1960年终止。

1963年，英国开始了他们的层压装甲研究计划。1964年，苏联部署了T64坦克，这是苏联第一辆使用层压复合装甲的坦克，装甲的最外侧和最内侧为钢板层压板，中间由玻璃纤维或玻璃钢板的复合材料制成。苏联为T64坦克装配层压装甲的消息传来，MBT-70坦克的初始指标已经基本确定无法做进一步调整，但是这影响到了XM-1坦克指标的制定。更引人注目的是，在1973年7月，XM-1坦克项目的负责人访问了乔巴姆英国皇家装甲研究院，在那里他们参观了装备层压装甲的"酋长"坦克试制样车（FV4211版），并学习了该型装甲的材料和工业规范。

从M1表面漆层脱落后明显的斑斑锈迹可以看出，其外层装甲肯定是钢质的。据报道，XM-1坦克装甲的内层板采用了陶瓷装甲。在层压复合装甲中使用的陶瓷本身就是一种复合材料，其主要成分是结晶硅酸盐。陶瓷装甲拥有很高的硬度，但缺点也很明显，即使被夹在钢板中间，它依然很脆。这种装甲构型对聚能弹的防护作用可以达到同等厚度钢质装甲的2倍，并且对动能弹的防护效果也同样如此。防弹片衬垫是离车组人员最近的一层，它和层压装甲最内层之间有一个很小的空间——在M1上，它很可能是铅制的。M1系列的后续型号采用了其他材料，包括密度比铅大的贫铀（DU）。

## 油箱配置

液体可以吸收爆炸冲击波和弹丸（尤其是聚能弹形成的金属射流）的能量。柴油并不是一种特别易燃的液体，它只有在发动机燃烧室内加压后才能混合空气发生剧烈燃烧。20世纪50年代，英国人尝试使用柴油作为坦克对抗聚能弹的一道防线。苏联T54和T55坦克在弹药舱四周均设计有油箱。20世纪60年代，瑞典S型坦克、瑞士Pz-61型坦克、美德联合研制的MBT-70坦克和以色列的"梅卡瓦"坦克均将油箱整合到正面防护装置当中。瑞典S型坦克和瑞士Pz-61型坦克的油箱都设计在驾驶员舱的两侧，而MBT-70坦克和"梅卡瓦"坦克的油箱配置在车体前部，这就导致设计者不得不将驾驶员的位置后移。

XM-1坦克的油箱布置在车体前部的装甲后方，驾驶员中心位置的两侧。

## 车组乘员配置

MBT-70坦克车体中间位置设计有一体式乘员舱，这使得整个车体的长度和高度都得到了很好的控制。驾驶员位于炮塔内部炮长和车长的左侧，他通过舱盖可以直接看到坦克前方的景况。驾驶席可以随炮塔旋转而反方向旋转，确保了驾驶员视野始终朝向坦克行进的方向。车长和炮长的视线可以设置为朝向坦克后部，因为驾驶员通常看不到那里。这种设计听上去很巧妙，但是在实际工作中，驾驶员的反向旋转站在旋转基座连接处设有 88 个电气滑环和 11 个液压滑环，复杂的机械反向旋转系统笨重而且故障率超高。此外，因为坦克炮占据了坦克中心线的位置，致使驾驶员不在中心线上。驾驶员随着坦克的剧烈运动而左右摇晃，无法精准操作。在 MBT-70 坦克的后续替代型号中，德国人和美国人都将驾驶舱放在了车体中心线上的常规位置。

为了避免可能存在的技术风险和保留第 4 名坦克乘员，在 M1 上并没有设置自动装弹机，它采用了典型的 4 人车组配置：坦克车长（TC）、炮长、装填手和驾驶员。如果只有 3 名车组人员操作坦克，那么炮长可以充当装填手，而车长可以在车长席完成所有车长和炮长的工作。

由于每名车组乘员职责分工不同，所以在他们面前都设有不同的控制面板。坦克乘员被分别安排在两个舱：驾驶室位于车体前方的油箱后，战斗室位于驾驶室和发动机舱之间。

尽管 M1 采用了大量的先进科技，但仍要依靠人工操作才能有效发挥作用。每个乘员都有特定的职责，但也要定期进行交叉训练，以适应其他角色。美国陆军《野战手册》[①]中对 M1 车组乘员的介绍如下：

坦克车组是一支紧密协作的队伍。每名乘员各司其职，战斗的胜利取决于他们作为一个团队的有效性。他们必须齐心协力操作和维护他们的坦克和装备，他们必须在战斗中团结一致。车组人员必须交叉训练，这样每名乘员都可以在其他车组人员的岗位上执行任务。

## 炮塔回转装置

克莱斯勒公司在设计上选用了液压系统旋转炮塔，而通用汽车公司的设计则选择使用电动机驱动炮塔。由于液压油易燃，因此相比于电机驱动，采用液压驱动通常更危险。但是，在体积相同的情况下，液压系统功率更大。

下图 这辆 M1 正在进行喷涂翻新。这张照片提供了一个远景的俯视角度，可以同时看到驾驶员舱门和炮塔座圈。炮塔内和炮塔下方的空间被合理地分隔，成为可以容纳车长、炮长和装填手的战斗舱。除了一些必需的电缆和液压管路通过的小孔，战斗舱通过隔板与后部的发动机室完全分隔开来。像大多数坦克一样，为提高车内亮度，M1 车体的内表面涂有白色涂料

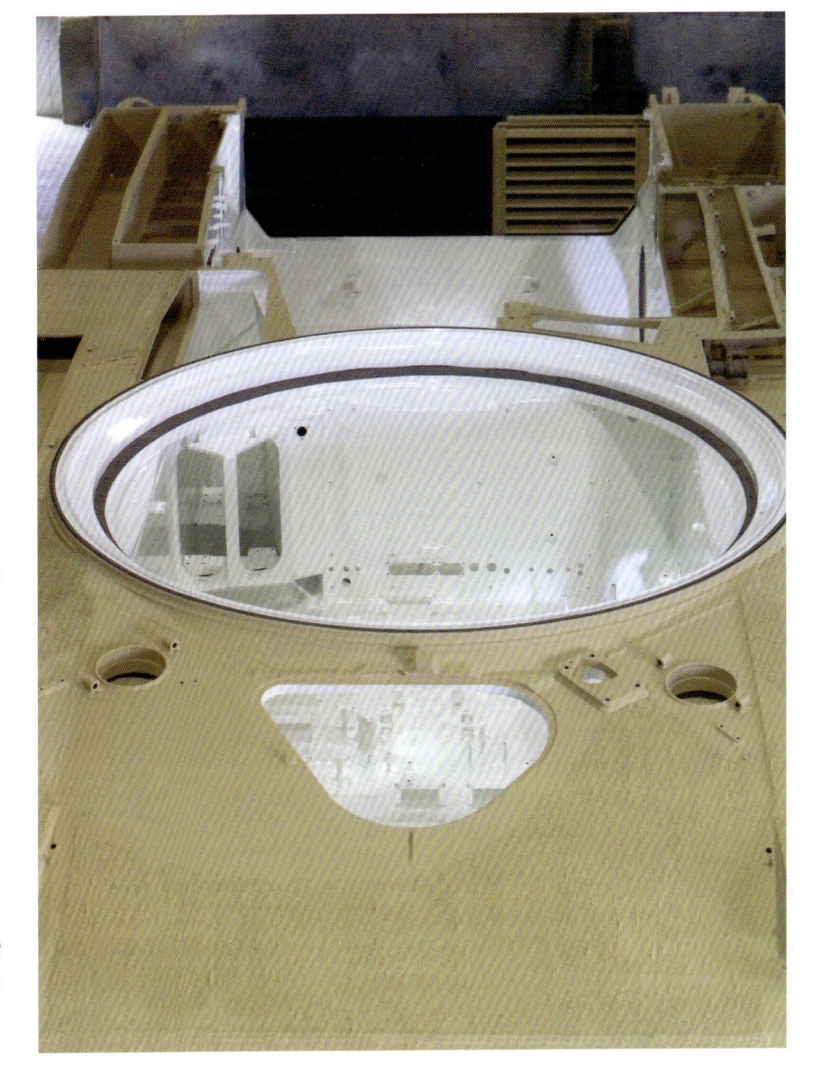

---

① 美国陆军和海军陆战队的《野战手册》主要用于指导部队如何使用装备和采用何种战术等。此处的引用来自 1996 年 4 月美国陆军部（Department of the Army，DA）编制的《野战排》分册，编号 FM17-15。

## 艾布拉姆斯将军小传

克赖顿·威廉姆斯·艾布拉姆斯,生于马萨诸塞州斯普林菲尔德,他出生的那年第一次世界大战刚刚爆发。1936 年,从西点军校毕业后,受命加入第 1 骑兵师。1940 年,第 1 骑兵师改编为第 1 装甲师。次年,他调入第 4 装甲师。1943 年,他已升任坦克营营长。一年后,在解放欧洲的战争中,他担任第 3 集团军第 4 装甲师 B 战斗群的指挥官。该集团军于 1944 年 7 月在法国参战,1945 年 5 月在德国参战。

**下图** 艾布拉姆斯将军担任陆军参谋总长时的画像,一年后他因病在任上去世(赫伯特·埃尔默·艾布拉姆斯绘)

第二次世界大战结束之后,艾布拉姆斯将军的主要经历如下:

1946—1948 年,任教于肯塔基州诺克斯堡的装甲兵学院;

1949—1951 年,担任驻联邦德国某坦克营指挥官;

1951—1952 年,担任某装甲侦察部队指挥官;

1953—1954 年,在朝鲜战争中担任美国陆军第 1 军、第 9 军、第 10 军参谋长;

1954—1956 年,在装甲兵中心担任参谋长;

1956—1959 年,晋升为陆军预备役副参谋长;

1959—1960 年,担任驻德国第 3 装甲师副司令;

1960—1962 年,升任驻德国第 3 装甲师司令;

1962—1963 年,返回五角大楼,担任军事行动部参谋长;

1963—1964 年,在欧洲统帅第 5 军;

1964—1967 年,返回五角大楼,担任第一副参谋长;

1967—1972 年,任驻越南美军副司令、总司令。

从 1972 年 6 月起,艾布拉姆斯就任美国陆军参谋长,这与 XM-1 项目的启动几乎是同一时间。1974 年 9 月,他因肺癌去世(享年 60 岁)。

1980 年,陆军有关部门决定以艾布拉姆斯的名字命名 M1 坦克。

## 比测试验阶段

从一开始，美国人就选择了克莱斯勒公司和通用汽车公司这两个相互竞争的承包商来开发M1坦克。实际上，还有第三家承包商当时也参与了竞争。这家德国承包商当时正在开发"豹"2坦克，"豹"2坦克本来可以与XM-1坦克项目合并，甚至取代它。

1973年7月，美国和德国政府一致认为，为了提高经济效益和通用性，他们未来的新型主战坦克（XM-1坦克和"豹"2坦克）应通用尽可能多的部件。"豹"2坦克当时已经处于部队试用阶段，其内部各组件已经较为成熟，但是美国法律规定，只要投标的设计方案符合官方招标合同要求，官方将不得干预具体的设计细节（因此"豹"2坦克的很多优秀设计没有能够直接移植到XM-1坦克上来——译者注）。1973年晚些时候，美国政府购买了一辆"豹"2试验坦克（PT07）在美国进行评估测试。1974年12月，两国政府达成协议，XM-1和"豹"2（经过修改，加入了一些与XM-1相同的部件）坦克应由两国以竞标的方式，争取共同采购权。同时，两国均可在本国组装获胜的设计方案。

1976年7月，美国国防部长唐纳德·拉姆斯菲尔德和德国国防部长格奥尔格·莱伯同意修改从1974年起达成的谅解备忘录，以便于XM-1坦克和"豹"2坦克中的任意一型坦克未能在两国都获胜的情况下，美德两国将致力于实现两种坦克最大程度的标准化。1976年7月22日，鉴于发动机和其他主要组件采用了新的规格，陆军部长马丁·霍夫曼宣布延长验证阶段，要求两个承包商修改其设计方案，以达到新的标准。这两种坦克于1976年9月至12月进行竞争比测试验。

在当天发布的新闻稿中军方承诺：

无论最终在美国生产哪种坦克，陆军都希望新产品与目前的坦克相比具有明显的优势。稳定的火控系统集成了激光测距仪、火控计算机和昼夜合一瞄准镜等，提高系统兼容性将大大提高首发命中率，并可以进行精确的行进间射击。新的候选坦克除了拥有低矮的外形，其先进的装甲技术还可以有效抵御反坦克武器，并大大提高坦克的防御水平。

为了提高坦克的战场生存能力，设计人员采用了一些特殊的生存性手段，例如，在乘员区与坦克油箱之间设有装甲隔板，滑动装甲门将乘员与存放的弹药隔开等。

由于德国人没能按时交付改进后的"豹"2坦克（也就是简化版的"豹"2 AV），1976年9月，美国陆军在没有"豹"2坦克参加的情况下，对XM-1的2个投标样机进行测试。最终，德国人只拿出了2个车体和3个炮塔：2个炮塔各装有1门L7型105毫米线膛炮和休斯火控系统，其中一个炮塔为德国120毫米火炮预留了通用接口，第三个炮塔安装了德国120毫米火炮和阿特拉斯电子公司的EMES-13火控系统。事实证明，德国坦克拥有更高的燃油效率，履带磨损更小，在大多数方面都能体现出更好的机动性，火控方面的优异表现也凸显了其强大的杀伤力。但是，"豹"2 AV的战场生存能力较弱，成本也更高。德国坦克热信号水平低，采用的复合装甲较少。"豹"2 AV虽然在德国制造成本较低，但在美国生产的成本超过了XM-1坦克的预算。

另外，出于保密方面的考虑，德国坦克的投标书在完整性上存在很多的缺陷。在验证阶段，阿伯丁试验场的测试人员向项目管理办公室报告，德国坦克比原先规定的要轻。项目经理助手对坦克进行了检查，他用一个约907克重的锤子敲击炮塔，通过回声判断装甲是中空的。

1976年12月，比测试验结束时，美国陆军确定克莱斯勒公司的方案中标，由克莱斯勒公司负责新型主战坦克的研制工作。

1977年，德国政府下令全面生产"豹"2坦克。第一批车辆（验证样车）于1978年交付，第一批生产型"豹"2坦克于1979年10月交付。

左图 这是通用汽车公司推出的 XM-1 坦克原型车。通用汽车公司和克莱斯勒公司设计方案之间的决定性差异主要来源于内部结构：通用汽车公司的设计方案采用柴油发动机和炮塔电传装置（詹姆斯·洛根供图）

左图 这是克莱斯勒公司推出的 XM-1 坦克原型车。1976 年 12 月，它在陆军组织的新一代坦克研发项目中，战胜了通用汽车公司的设计方案而中标。它采用燃气涡轮发动机和液压转塔装置（詹姆斯·洛根供图）

下图 1979 年，美国陆军在肯塔基州诺克斯堡向媒体记者展示了新研制的 XM-1 坦克（美国国防部供图）

## M1A1和M1A2

1978年,美国陆军部长决定开发一种120毫米口径主炮的新型主战坦克,这就是后来的M1A1。在回答记者提问时,他指出,各型坦克的需求大约在3300辆。不过他认为,在未来预计要生产大约7000辆。

1985年,M1A1正式投入生产。紧接着在1986年,改良版的M1A2也迅速投产。M1A2采用了与M1A1相同的武器配备,但在炮塔左侧装填手位置前方增加了一个车长独立热像仪(CITV),可以用来在外观上做出区分。在坦克内部,M1A2包含有一个具有可同时独立识别和跟踪两个目标能力的增强型目标捕获系统、一个车载导航和跟踪系统,以及一个可与M2A3步兵战车和"长弓阿帕奇"攻击直升机实现信息共享的车际信息系统(IVIS)。

下图 M1A1的外观与M1大体相同,除了较大口径的坦克主炮,在车体中间配置有更大口径的排烟管,同时在炮塔后部增设了一个置物箱(美国国防部供图)

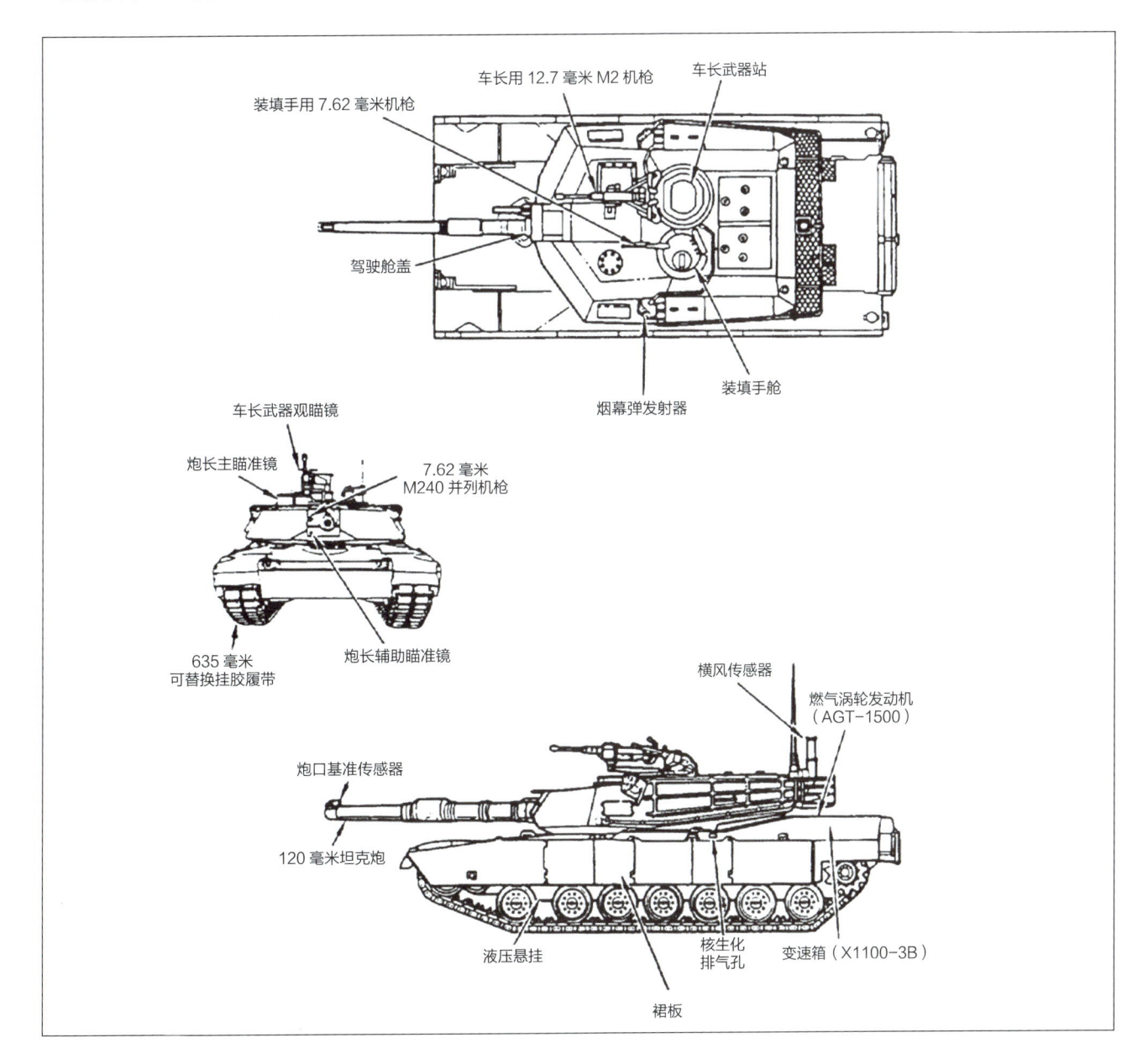

**右图** M1A1 的左视图（美国国防部供图）

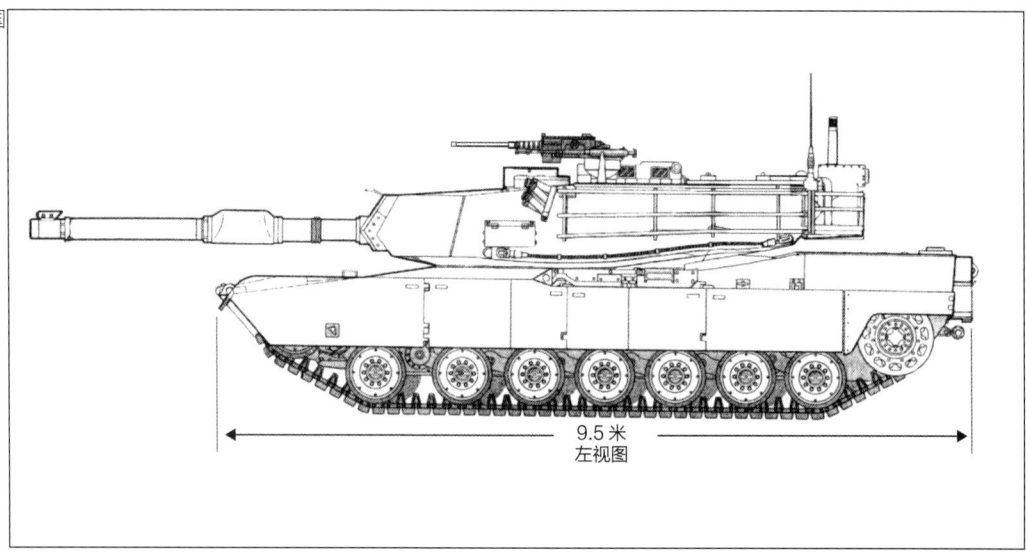

9.5 米
左视图

**右图** M1A1 的俯视图（美国国防部供图）

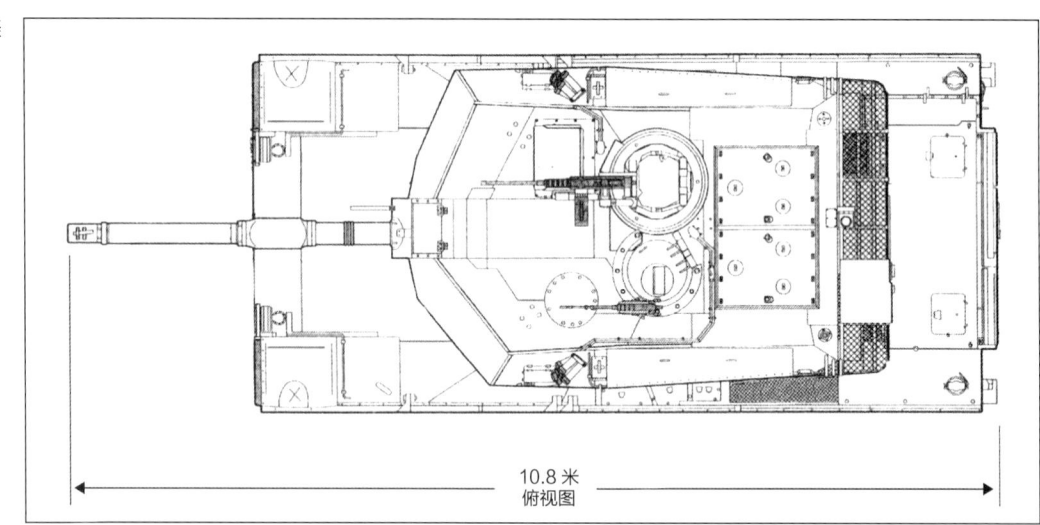

10.8 米
俯视图

**下图** M1A1 的前视图和后视图（美国国防部供图）

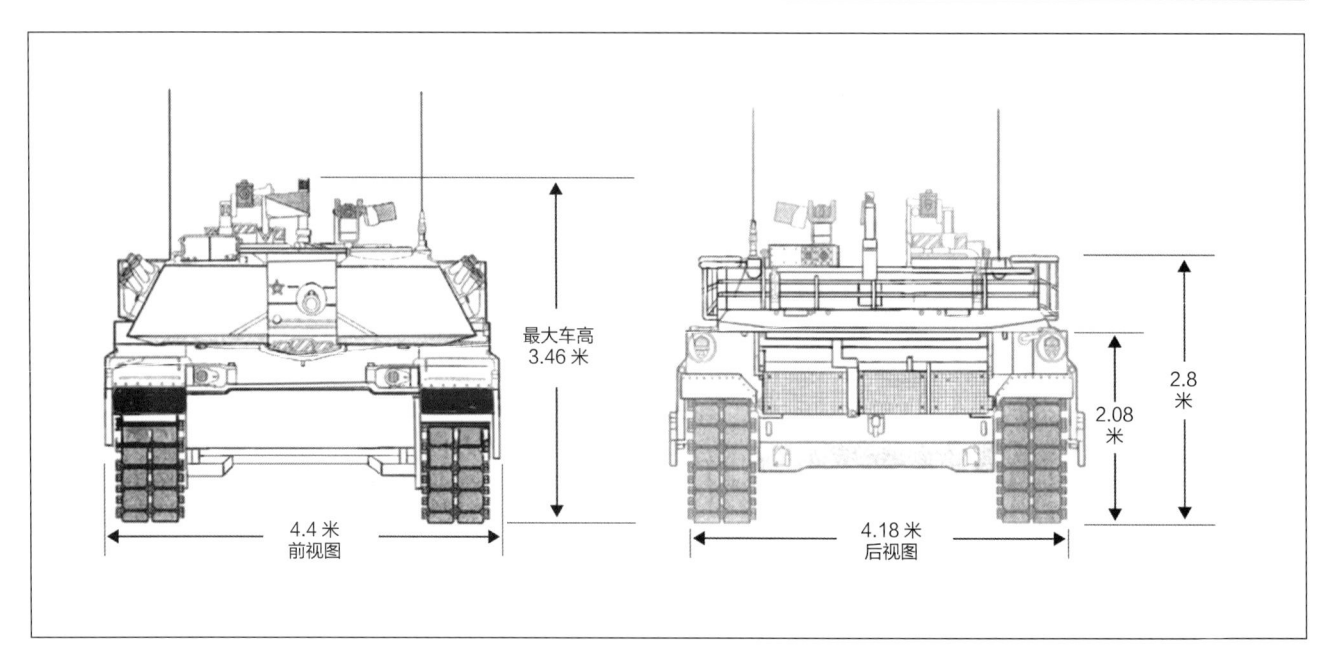

最大车高
3.46 米

2.8 米

2.08 米

4.4 米
前视图

4.18 米
后视图

左上图 1990年英国对M1A1进行的一次试验，周围是英国陆军和美国陆军的坦克研制人员（坦克博物馆供图）

右上图 1998年10月25日，美军第7骑兵团4营C连的一辆M1A1正驶向韩国训练中心的实弹射击训练场。从这张照片能够清楚地看见M1A1炮塔后部的置物箱（美国国防部供图）

左图 2003年在伊拉克，几辆成楔形编队行进的M1A2。为了保护精密的光学镜头，在坦克行驶过程中车长独立热像仪均背向坦克行驶方向（美国国防部供图）

2003年在伊拉克，从照片中可以看出这辆隶属于美国陆军的M1A2还没有加装TUSK组件（坦克城市生存模块）（美国国防部供图）

33

第一章 M1艾布拉姆斯主战坦克的前世今生：从提出需求到未来升级

## 美国海军陆战队采购 M1A1 坦克

美国陆军提出并主导了对 M1 坦克的军事需求，而美国海军陆战队（USMC）则寄希望于 M60A1 的性能提升。此次升级被称为"选用设备可靠性改进"（RISE）计划，包括采用一台功率更高的发动机，在炮塔两侧各安装一个较大的排烟装置，增加了可供车长、炮长和驾驶员使用的"星光"被动式夜视系统（R/P）。

由于很不满意 M60A2 上装备的可发射"橡树棍"导弹的 152 毫米两用炮，美国陆军从前线部队撤装了 M60A2，并于 1981 年完成该型坦克的全部退役工作。之后美国海军陆战队将目光投向了另一个改进型号——M60A3。该型坦克结合了 RISE 和 R/P 的改进升级，安装有激光测距仪、火控计算机、坦克热成像瞄准镜，在主炮上安装了隔热护套以防止炮管受热变形。1975 年 9 月，美国海军陆战队批准了以 M1 坦克替代 M60A1 RISE，并提出增加车载导航辅助设备和涉水装备，以便可以利用美国海军两栖攻击舰进行运输和执行抢滩登陆任务。

由于美国海军陆战队一再拖延，原定的 M1 采购项目被 M1A1 取代。美国海军陆战队计划于 1990 年 11 月接收第一批 M1A1，并于 1991 年年底初步具备作战能力。然而，伊拉克进占科威特打乱了整个计划。1990 年 9 月 17 日，美军部署到沙特阿拉伯的几周后，美国海军陆战队司令就批准了加快部署 M1A1 坦克和相关装备，这些还都是从美国陆军借来的。由于时间仓促，车组乘员只接受了 29 天训练就投入实战。

下图 1983 年，美军第 25 步兵师第 4 骑兵团第 3 中队的几辆 M60A1 RISE 在夏威夷大岛普哈库娄训练场（美国国家档案馆供图）

## 英国对 M1A1 和 M1A2 的性能进行测试

在英国，直到 20 世纪 70 年代，"酋长"坦克都是唯一在役的主战坦克。当时，英国的公共部门正在忙于为伊朗开发两种衍生型号（"狮"1 坦克和"狮"2 坦克），以及为英国陆军开发 MBT-80 坦克。英国国防部（MOD）对 MBT-80 坦克寄予厚望，他们认为这将是一种能够与 M1 坦克相提并论，甚至性能更先进的新型坦克。

当发生政局改变的伊朗取消了之前的坦克订单的时候，英国只得设法将 274 辆"狮"1 坦克出售给约旦，但一直未能给"狮"2 坦克找到买家。当时，"狮"2 坦克的 5 辆样车已经完成交付，位于利兹的皇家军械厂正准备组装"狮"2 坦克，而 MBT-80 坦克距离正式生产还有几年的时间。最终，英国国防部决定放弃 MBT-80 坦克计划，订购了之前伊朗委托开发的"狮"2 坦克，现更名为"挑战者"1 型坦克。

"挑战者"1 型坦克取代"酋长"坦克，刚刚开始在英国军队服役就被指出需要进行重大升级，一方面是因为需要应对性能更加强大的苏联新型坦克，另一方面也是因为"挑战者"坦克的性能并没有比最新的"酋长"坦克性能有明显的提高。

许多年过去了，"挑战者"坦克终于迎来与 M1 坦克的正面交锋：1986 年 6 月，英国、美国和德国的坦克共同参加了由北约组织的例行坦克射击比赛。比赛中，"挑战者"1 型坦克捕获和摧毁目标的速度比美国的 M1A1、德国的"豹"2 坦克，甚至"豹"1 坦克都要慢，在行进过程中这种差距更加明显。作为"酋长"/"挑战者"改进计划（CHIP）的一部分，英国人采购了机械链接瞄准系统，并将这一改进应用到了需要升级的"酋长"Mk6-Mk12 型和所有"挑战者"1 型坦克上。国外的竞争对手则装备的是电动式瞄准系统和一个"车长-炮长"式火控系统。"挑战者"1 型坦克的车长能够捕捉到目标，但不能直接控制火炮，而在 M1A1 和

右图 在比测试验开始之前，从外观上就可以明显看出M1坦克超越英国"挑战者"坦克的一些优势，例如M1坦克拥有更小的尺寸（如图中所示）和出色的机动性。"挑战者"坦克虽然主炮口径更大，但它的射速较慢和射击精度也更低（坦克博物馆供图）

"豹"2A4及其之后的型号，车长可以使火炮的指向与他们的视线保持一致。在交战中"挑战者"1型坦克从捕捉目标到射击所需的反应时间大约是其他坦克的2倍。

1986年11月，英国采购部门正式资助了"挑战者"1型坦克的换代工作，并指定要使用与M1A1相同的火控系统。该坦克最终被命名为"挑战者"2型坦克。

除维克斯公司，英国的采购部门没有找到其他有足够实力的国内竞争者，因此他们向国外的坦克制造商发出了正式投标邀请。

1987年3月30日，维克斯公司向英国

右图 MBT-80坦克的研发，证明了20世纪70年代英国坦克研发部门正在试图设计一款与M1性能相近的坦克。这是一辆名为ATR2的试验样车，它采用的层压装甲包含钢板和铝合金板。MBT-80坦克计划并未最终实现，但是其研制过程中涌现出的设计理念显然影响到之后的"挑战者"1型坦克（坦克博物馆供图）

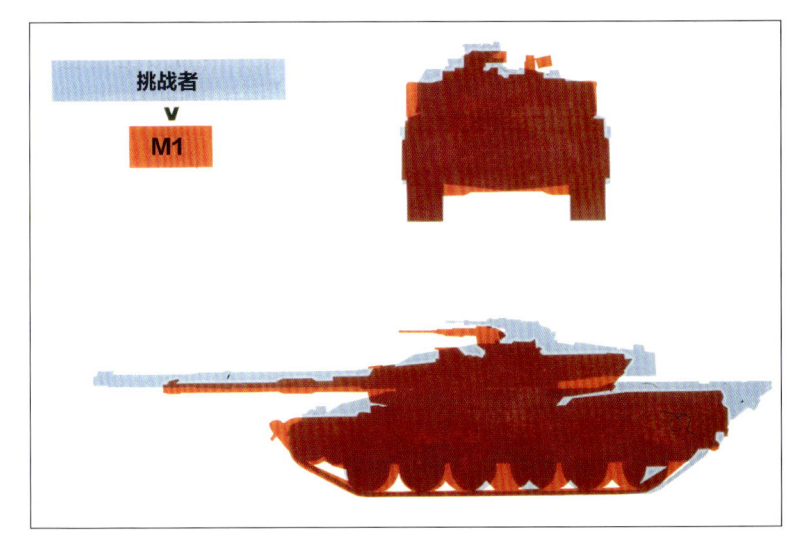

左图 一辆在坦克博物馆陈列的英国"挑战者"1型坦克（布鲁斯·奥利弗·纽瑟姆供图）

35

第一章 M1艾布拉姆斯主战坦克的前世今生：从提出需求到未来升级

上1图 1990年，英国陆军首次对M1A1进行性能测验。图中从左到右依次是：加装有斯蒂尔布鲁装甲的"酋长"坦克、"挑战者"1型坦克、M1A1、"维克斯"MK7-2型和"豹"2A4（坦克博物馆供图）

上2图 这是参加此次测试的5台坦克的侧视图，从这个角度看，"酋长"和"挑战者"1型坦克安装有炮管长度更长的120毫米主炮。从几辆坦克的排序看，考虑到美国和德国坦克的火控系统略胜一筹，所以它们可能是按照杀伤力来进行排列的（坦克博物馆供图）

下图 这次测试，官方摄影师的焦点是"挑战者"和M1A1（坦克博物馆供图）

国防部正式提交了其首个投标方案。1987年8月，只有2个外国坦克制造商前来投标，他们是M1坦克的供应商通用动力陆地系统公司和"豹"2坦克的供应商克劳斯·马菲公司。2家供应商都正式提交了他们当时仍在研发的新型坦克。法国的伊西莱姆利罗公司则在晚些时候拿出了他们的"勒克莱尔"坦克。在此期间，英国私下考察了这两种投标方案的在役型：M1A1和"豹"2A4，由于均没有满足1987年11月英国公开的指标，两者在名义上都未能中标。"豹"2A4由于炮塔前部装甲防护薄弱而被取消资格，而英国国防部内部对M1A1的支持仍然十分强烈。

1990年4月，当维克斯公司开始组装"挑战者"2型坦克的试验样车时，2个外国供应商各自的新型坦克试验也都已接近尾声。尽管已经被拒绝，这些外商还是向英国国防部提交了更多有关坦克的细节，并提供了试验样车。英国将这2个外国竞争者与英国的三型坦克进行了

右图 1985年6月，英国皇家装甲兵部队指挥官西蒙·库珀少将坐在美国陆军装甲中心一辆M1的驾驶室里（美国国防部供图）

性能对比：在"酋长"坦克基础上进行了装甲升级的"酋长斯蒂尔布鲁"坦克，"挑战者"1型坦克和一款出口型的维克斯MK7-2坦克，这些是"挑战者"2型坦克的主要原型。最终，所有参赛坦克都没有达到英国军方提出的指标要求。

因此，最后的竞争者只剩下4个："挑战者"2型坦克、M1A2、"豹"2A5和"勒克莱尔"坦克。M1A2的试验样车直到1990年7月才被制造出来。1990年9月30日，在合同规定的最后期限，维克斯公司完成了全部9辆"挑战者"2型坦克试验样车的交付。英国原计划在几个月内对这型坦克进行实地测试，但受伊拉克进占科威特的影响，测试被推迟到1991年春季。

在测试中，英国人首先淘汰了"勒克莱尔"坦克，因为法国人采用了自动装弹机和3名坦克乘员的设计。剩下的3辆坦克也没有谁具有压倒性的竞争优势。德国坦克重量最轻、后勤负担最小也最便宜（至少在全寿命成本方面是这样的）。"豹"2A5的炮塔采用了改进的前部装甲防护，弥补了"豹"2A4在战技指标上的不足。德国坦克在技术上最成熟，但是相比于M1A2和"挑战者"2型坦克，"豹"式坦克的防护能力要逊色一些。如果仅在M1A2与"挑战者"2型坦克之间进行选择的话，M1A2的机动性能显然更加优秀，但它采用的燃气涡轮发动机造价昂贵且技术上过于超前。

最终，英国国防部提出了一个不寻常的建议，支持选择"豹"2坦克或M1A2。由于英国人认为维克斯公司不具有根据要求交付产品的能力（这一判断后来经实践证明是正确的），国防部最终没有将"挑战者"2型坦克列入候选名单。尽管瑞士经授权制造"豹"2A4的经验表明，国内转包会使单位成本比进口坦克的价格至少提高25%，但维克斯公司仍可能会被

上图 一辆陈列在坦克博物馆的"挑战者"2型坦克（布鲁斯·奥利弗·纽瑟姆供图）

要求以特许生产的方式，组装国外坦克。

英国国防部将最终选择权交给了政府管理部门。1991年6月，英国内阁小组委员会裁定支持英国坦克中标，他们声称一辆与伙伴坦克（指的是未完成的改进升级后的"挑战者"1型坦克）装载相同火炮的英国坦克，比一辆携带不同火炮的外国坦克更可取。M1A2和"豹"2坦克的主要武器都是一门德国设计的滑膛炮，而"勒克莱尔"坦克的主要武器是法国人设计的滑膛炮，它们可以发射制式弹药。在公开场合，坦克炮之争只是个冠冕堂皇的借口。私下里，对只有4人的内阁小组委员会来说，贸易保护主义、采用本国坦克企业带来的外交优势和国内政治考量才更为重要。

左图 20 世纪 80 年代，一批 M1 坦克底盘在底特律的坦克总装厂进行组装（美国国防部供图）

## M1坦克的生产与组装

1980 年 2 月，利马陆军坦克工厂交付了第一辆 M1。该坦克在当年晚些时候部署在陆军。利马陆军坦克工厂于 1985 年 8 月交付了第一辆 M1A1 型试验型坦克，每辆坦克的成本为 2 112 000 美元（1989 财年的成本），假设每年行驶 1296 千米，运营成本为每辆坦克每年 77 346 美元（1990 财年的固定美元成本）。两大坦克总装厂交付的 M1 系列坦克数量见表 1。

表1　1980—2000年，两大坦克总装厂交付的 M1系列坦克数量　　　　　　（单位：辆）

| 年份 | 利马陆军坦克工厂 | 底特律阿森纳坦克工厂 | 总数 |
| --- | --- | --- | --- |
| 1980 | 18 | 0 | 18 |
| 1981 | 157 | 0 | 157 |
| 1982 | 369 | 70 | 439 |
| 1983 | 388 | 366 | 754 |
| 1984 | 390 | 387 | 777 |
| 1985 | 438 | 436 | 874 |
| 1986 | 288 | 241 | 529 |
| 1987 | 500 | 496 | 996 |
| 1988 | 410 | 409 | 819 |
| 1989 | 362 | 363 | 725 |
| 1990 | 359 | 359 | 718 |
| 1991 | 334 | 315 | 649 |
| 1992 | 480 | 0 | 480 |
| 1993 | 383 | 0 | 383 |
| 1994 | 322 | 0 | 322 |
| 1995 | 346 | 0 | 346 |
| 1996 | 235 | 0 | 235 |
| 1997 | 167 | 0 | 167 |
| 1998 | 120 | 0 | 120 |
| 1999 | 113 | 0 | 113 |
| 2000 | 127 | 0 | 127 |
| 总计 | 6306 | 3442 | 9748 |

数据来源：美国陆军坦克机动车辆与武器司令部（TACOM），兰德尔·托尔伯特

左图 大约在 2011 年，当时尚未正式公开的 M1A2 SEPv2 正在利马的坦克总装厂进行组装（美国国防部供图）

## 底特律和利马：M1坦克的两大总装工厂

第二次世界大战期间，在政府提供资金和拥有所有权的情况下，美国战争部（现为陆军部）资助了一些汽车制造商建造运营新的坦克装配厂，这些工厂采用的是"政府所有-合同管理"（GOCO）模式。1940年9月，克莱斯勒公司在底特律的坦克工厂破土动工。7个月后，它交付了首批2辆坦克。4年后，它交付了超过2万辆坦克，轻而易举地超过了任何其他坦克装配厂，产量约占第二次世界大战期间美国生产坦克总量的1/4。

另一座兵工厂则建在俄亥俄州的利马市。1942年5月建厂之初主要用于制造枪支，从1942年11月起，开始用于军用车辆升级改造。第二次世界大战后，它被用来存放车辆。直到朝鲜战争爆发，1950年至1953年期间，工厂才恢复了坦克的升级改造任务。

当克莱斯勒公司被选中向军方供应M1坦克时，由克莱斯勒公司管理经营利马工厂（当时被命名为利马陆军坦克厂）成为主要的总装厂。

利马陆军坦克工厂于1980年开始交付M1坦克，这是它当时生产线上唯一一型坦克。利马陆军坦克工厂陆续生产了6306辆M1系列坦克。底特律坦克工厂也生产过M1坦克，但时间较短（1982—1991年），交货量也较少，只有3442辆。而且1982—1987年，底特律坦克工厂还在同时组装M60A3。

从1990年9月开始，所有坦克的生产都合并在了利马陆军坦克工厂。底特律坦克工厂于1991年8月完成最后一辆M1坦克的生产交付，之后继续坦克改装工作，1996年12月永久关闭。利马陆军坦克工厂成为美国仅存的GOCO模式的坦克工厂。

**上图** 2012年3月，在利马陆军坦克工厂的联合系统制造中心，几辆M1A2 SEPv2正在装配线末端接受最后的安装调试（美国国防部供图）

克莱斯勒公司对利马陆军坦克工厂的经营一直维持到1982年，随后通用动力公司收购了克莱斯勒防务公司。2004年6月，利马陆军坦克工厂被选中为美国海军陆战队组装远征战车后，更名为联合系统制造中心。它被划归到美国陆军坦克机动车辆与武器司令部（TACOM）下属的工业基地，由通用动力陆地系统公司根据与国防合同管理署(Defense Contract Management Agency)签订的合同进行运营。国防合同管理署是陆军坦克机动车辆与武器司令部的执行代理机构。

从2010年到2012年夏天，通用动力公司声称，该公司将裁员2/3，只保留400名员工。2013年，在通用动力公司的游说下，美国国会劝说国防部批准在2015年前对12辆坦克进行升级。2015年，美国国会授权继续追加资金以维持利马陆军坦克工厂的运转。

**下图** 一辆报废的M1A1的车体部分在利马陆军坦克工厂拆除零部件并维修保养后，即将进行全面的翻新改造（美国国防部供图）

**下图** 在利马陆军坦克工厂，一辆生锈的坦克车体经过拆解和喷砂除锈之后，正在等待翻新。图中所示为一辆坦克的尾部（美国国防部供图）

## 对M1坦克的第一印象

**格雷格·沃尔顿：**我第一次接触M1坦克是在肯塔基州诺克斯堡，当时我正在上军官基础课程。我之前有两年的时间都在和M60A3打交道，它的内部空间非常宽敞，外形尺寸也十分高大，与我1.92米的身高很相称。与之相比，M1坦克的内部看起来太窄了，我甚至担心能不能钻进车长的位置。后来发现，我只要把座椅调到最低，坐在车长位置上还是可以的。炮长的位置也有点拥挤，但除此之外，我在驾驶员和装弹手的位置上都有足够的活动空间。坦克启动时，电机和涡轮机的旋转在我听来就像是一架正在启动的飞机。坦克在怠速状态下非常安静，没有柴油机的怠速不稳或者暴露目标的黑烟。高效的悬挂系统能够在驶过障碍物时提供非常平稳的行驶体验，因此不会在高速行驶时把我们从座位上抛起来。

**布鲁斯·奥利弗·纽瑟姆：**M1坦克给我的第一个惊喜是，作为一辆比以往列装的任何坦克都更加强大、生存能力更强的新型主战坦克，看起来比我预料中的要小得多。它很低矮，几乎要贴到地面，由于没有过多的外部设备，外观显得隐秘而又紧凑。炮塔向前延伸到驾驶室上方，向后延伸到发动机舱上方，看起来没有带着胖炮塔的M60系列坦克那么高。发动机舱尾部明显的隆起使前部显得更低。与传统坦克粗糙的铸造装甲相比，M1坦克的装甲板明显要平坦得多，漆面处理得很光滑，焊缝也被完美隐藏，就像是一个充满未来感的塑料玩具。似乎随时准备起飞。开动的时候，无论是加速还是操纵转向，感觉是在驾驶一辆轻型坦克。M1坦克在同等级的坦克中拥有异乎寻常的娇小身材，由于经过了精心的人机功效设计，炮塔内部按钮都有足够的操作空间。控件的布局非常合理，通过明亮的白色面板上的黑色旋钮和电子屏幕，很容易分辨出来。

**威廉·墨菲：**我们第一次见到M1坦克是在进行一个月的基础训练后。当时，我们正在一座行政大楼外，排队等待处理一些军方文件。在那之前，我们一辆M1坦克都没看到过。基础训练的第一个月主要安排了核生化（NBC）防护训练和其他个人基础训练，枯燥的训练让我们当中不少人牢骚满腹。当我们列队等候时，相互之间不允许交谈。突然，一种以前从未听过的声音进入我们的耳朵，坦克的履带板和车轮相互碰撞，就像是吱吱作响的交响乐。警笛声越来越近，我们这些列兵仍然没有意识到接下来会发生什么。大家都非常的好奇，一定有什么不寻常的事要发生了，我们一个个都竖起了耳朵仔细听着。紧接着，一个连队的M1在我们的耳边低吼而过。我甚至已经不记得那些坦克驶过时发动机的声音，只听到金属撞击和摩擦的声音。我喜欢那种声音，在服役的每一天都喜欢听到这个声音。我将永远记得它，而且我现在已经开始怀念它了。当时，我和战友们都被身边的阵仗迷住了。人群中爆发出不可思议的欢呼声、呐喊声、鼓掌声和巨大的笑声。

# M1系列坦克衍生型号

## M1A1 SA

SA 代表的是态势感知（Situational Awareness）。M1A1 SA 为炮长增加了第二代前视红外夜视仪（FLIR）Block 1、1台作用距离更远的新型激光测距仪和1台稳定型车长武器站（SCWS）。

这些升级与整个 M1 坦克家族的全面技术改进同步进行，包括加装用于跟踪友军位置并显示其状态的新型数字系统（蓝军跟踪系统）、发动机延寿计划（TIGER），以及车体前部、炮塔前面和侧面加装贫铀装甲（重型装甲-HA）。

大部分 M1A1 SA 列装了国民警卫队、第1步兵师和第2步兵师，或部署在驻科威特和驻韩美军中。

## M1A1/ M1A2 TUSK

根据伊拉克战争的经验，美军在 M1A1/M1A2 上安装了城市生存能力组件（TUSK），以进一步提高坦克在城市作战中的生存能力。其中包括保护坦克不受火箭筒攻击的反应装甲、车长遥控武器站、装填手热成像武器瞄准具、装填手装甲护盾（TAGS）和安装在坦克后部

上图 这辆 M1A1 TUSK 装配有一座车长遥控武器站、装填手装甲护盾，在主炮上方安装有一挺 M2 机枪，在裙板上装有反应装甲（美国国防部供图）

下图 从这张照片可以仔细地观察到 M1A1 TUSK 上的车长遥控武器站（此处缺少转塔）、装填手装甲护盾和主炮上方的枪架（此处缺少 M2 机枪）（美国国防部供图）

下图 一名驻伊拉克海军陆战队士兵正在使用坦克步兵电话与 M1A2 TUSK 的车长通信（美国国防部供图）

左图 这是一辆趴窝的 M1A2 SEP 上的坦克步兵电话，可以看到防尘盖已经打开，听筒放在发动机舱中（美国国防部供图）

右图 2000年对外公开展示的 M1A2 SEP 试验样车（美国国防部供图）

用于步兵和装甲兵协同作战的坦克-步兵电话（TIP）。TUSK 是一整套升级组件，可以在战场进行升级。坦克城市生存套件于 2007 年应用于在伊拉克作战的 M1A1 和 M1A2 上，因为需要不同，它们都是有选择安装，而非将升级组件全部安装上。

## M1A2 SEP

M1A2 SEP（系统增强组件）加装有石墨烯涂层的贫铀装甲（也称为第三代装甲）、美国陆军 21 世纪部队指挥和控制系统的嵌入式版本、界面友好的人机交互系统（SMI）、探测距离更远的第二代炮长热成像夜瞄系统（GEN II TIS）、新型车长独立热像仪（CITV）、第二代前视红外夜视仪、炮塔后部侧储物箱左下角的温度控制系统（TMS）（1 台空调）、车长用数字化彩色地图、驾驶员集成显示屏和位于车体左后侧的装甲辅助动力装置（UAAPU）。

2001 年 2 月，美国国防部签订了到 2004 年新组装 240 辆 M1A2 SEP 的合同。从 2005 年起，将一些翻新的 M1 坦克，最老的 400 辆 M1A1 和 300 辆 M1A2 升级为 M1A2 SEP。

## M1A2 SEPv2

M1A2 SEPv2 包括了所有在 M1A1 SA 和 M1A2 SEP 上的改进，此外还加装了彩色平板显示器、改进的微处理器和内存、一个用于运行通用操作环境软件（COE）的开放式操作系统和第二代通用遥控武器站（CROWS II）。

2007 年，美国国防部签订了 M1A2 SEPv1 升级至 v2 型的采购合同，该升级已于 2009 年完成。2008 年，剩余的 435 辆 M1A1 得到授权升级至 M1A2 SEPv2。到 2010 年，第 1 骑兵师和第 1 装甲师第 1 旅装备了 M1A2 SEPv2，随后在 2012 年第 3 步兵师装备了 M1A2 SEPv2。截至 2012 年，所有现役陆军单位都使用 M1A2 SEPv2，而大多数国民警卫队使用 M1A1 SA（只有两个单位使用 M1A2 SEPv2）。

在 2000 年后期，阿富汗和伊拉克战场对 M1 坦克的需求有所增加。2011 年 1 月，尽管美国国防部削减了新型坦克的开发项目，但还是投入了资金对老旧型号开展改进升级。2012 年，在防务预算消减的一年后，美国陆军决定暂停将露天存放在加利福尼亚州的数百辆坦克

下图 2010 年 8 月，在本宁堡基地的一辆 M1A2 SEP。装填手前方的车长独立热像仪是 M1A2 的明显标志（美国国防部供图）

翻新至最新的 M1A2 SEPv2，并将这一升级计划推迟至 2017 年，届时将直接升级至 M1A2 SEPv3，将节省 28 亿美元。

美国陆军部宣布将所有的坦克升级计划推迟到 2017 年。通用公司表示，M1 系列坦克的生产供应链分布在几个国会选区，如果坦克生产线关闭 4 年时间，那么在 2017 年重启将花费 11 亿~16 亿美元。为此通用公司游说国会立法委员会，并通过一个名为"支持艾布拉姆斯"的网站（supportabrams.com）来公开获取民众支持。在给陆军的一份报告中，通用动力公司列出了 3 个"不可替代"的坦克组件。如果升级计划中断，它们的供应商可能会中止这些组件的供应，这其中包括：艾利森公司生产的变速箱、霍尼韦尔公司生产的发动机和 DRS 技术公司与雷神公司生产的目标捕获系统。

2013 年 5 月，120 多名议员写信给陆军部长约翰·M. 麦克休（John M. McHugh），反对美军的削减预算计划。8 月，美国国会武器委员会投票通过了美国陆军提出的 1.81 亿美元预算，支持将艾布拉姆斯升级计划持续到 2015 年。其中 1.14 亿美元用于对 12 辆坦克进行升级，2600 万美元用于采购 48 个新变速箱，4100 万美元用于采购 86 个第二代前视红外夜视仪 Block 1。

因此，2013 年，美国国会投票通过了一项财政拨款，到 2015 年将 12 辆坦克升级到 M1A2 SEPv2，军队把这些坦克配发给国民警卫队。2015 年 2 月，首批 6 辆坦克的升级工作由通用动力陆地系统公司承包。M1A2 SEPv2 项目预计在 2017 年第三季度结束。

## M1A2 SEPv3 坦克

2013 年，美国陆军评估预测，在 2016—2017 年坦克升级到 M1A2 SEPv3 之前，对外军售将填补停产造成的供应链损失，而国防预算持续下降的压力可能会将这些升级计划推迟到 2019 年。

2015 年 10 月，美国陆军首次公开展示了 M1A2 SEPv3，当时已生产出 9 辆原型测试车。这次升级的内容包括弹药数据链（ADL）、增强前视红外夜视仪（IFLIR）、低轮廓通用遥控武器站（LP CROWS）和在静止状态下无须发动引擎即可为战斗舱提供动力的发电机。从外观上看，M1A2 SEPv3 拥有标志性的发电

上图 一辆正在德国进行测试的 M1A2 SEPv2（美国国防部供图）

下图 一辆加挂了全部配件的 M1A2 SEPv2 在加利福尼亚州进行测试（美国国防部供图）

上图 2016年展示的一辆 M1A2 SEPv3 坦克
（美国国防部供图）

机小排气口。

弹药数据链包括一个改进的炮闩、升级的火控电子单元和升级的 M1 坦克软件，可以自动感应并调整主武器中装载的任何炮弹。

改进的前视红外夜视仪被用于炮长的主瞄准镜和车长独立热像仪。它采用长波和中波红外技术，在高清晰度显示器上可显示 4 个画面。

从 v2 到 v3 的过渡预计将于 2017 年第二季度开始，并将在第四季度全部完成。

## M1坦克未来趋势

当 M1 坦克在 20 世纪 80 年代取代当时的 M60 坦克开始服役时，M60 坦克已经在美国陆军服役了 37 年，在美国海军陆战队的服役时间则更长。M1 坦克预计服役 30 年，这就意味着它在 2010 年将退役。冷战的结束降低了美军更换主战坦克的紧迫性，20 世纪 90 年代国防预算的迅速削减，使得地面武器系统的采购和研发资金捉襟见肘。同时，随着攻击直升机的兴起，更强大的便携式反坦克导弹和城市化进程的发展，新的作战样式要求部队能够实现快速机动部署，小规模、轻型化成为部队建设的主要方向，许多未来主义者对主战坦克的战场生存能力提出了疑问。

然而，美国从 2001 年开始的"反恐战争"，使得人们逐渐意识到一线的反恐等需要更多、更先进的装甲装备。特别是到 2003 年以美国为首的北约部队进入伊拉克之前，更多的资金被用于 M1 坦克的改进和升级。当时，美军拥有 6 个重型师（30 个坦克营），所装备坦克的服役时间不超过 15 年（作战部队中主要装备的是后来升级的 M1A1 和 M1A2，而不是 23 年前投入使用的初始型号）。2003 年，美国陆军装备延寿计划（RECAP）将坦克服役寿命延长 15 至 20 年，服役至 2025 年至 2030 年。随后的规划允许将服役寿命延长 30 年，即到 2040 年，总共服役 60 年。

这样的延期服役不能无限期地进行。美军在 2003 年做出的故障率研究表明，每增加服役一年故障率将升高 5%（最低 3%，最高 7%）。当时，一辆服役了 14 年的故障率是新坦克的 2 倍。一个装备 M1A2 的作战营平均月战备率为 83%，而装备 M1A1 的作战营平均月战备率只有 74%，有些营的战备率甚至低于和平时期 70% 的战备水平。在加利福尼亚州欧文堡国家训练中心进行的局部持续训练中，每天约有 12.4% 的 M1A1 发生故障，而 M1A2 的故障率仅为 7.6%。这些统计结果促使国防部决定在不采购新坦克的情况下，对现有旧坦克进行大修，从而提高其可靠性[1]。

在决定将 M1 坦克的寿命延长到 2030 年的同时，美国陆军还计划用所谓的"未来部队"替换掉 M1 坦克和其他一些老旧的系统，其核心计划就是发展一种战斗全重及外廓尺寸远远小于 M1 系列坦克的"未来战斗系统"（FCS）。但是，随着 FCS 研发的失败，M1 系列坦克不得不继续服役至 2030 年以后，甚至可能到 2040 年，从而达到创纪录的 60 年服役期。

美国陆军坦克机动车辆与武器司令部早在 1989 年就开始了 M1A3 的规划，其重点是提高现役主战坦克的杀伤能力。但 M1A3 计划被一再推迟，原计划进行的部分改装被纳入 M1A1 和 M1A2 系列坦克的升级中。M1A2 SEPv3 就

---

[1] PELTZ E, COLABELLA L, WILLIAMS B, BOREN M P. The effects of equipment age on mission-critical failure rates: a study of M1 Tanks [M]. California: RAND, 2004.

是M1A3计划的最新受益者：其升级目前规划到2019年。

2012年，陆军部提议从2017年开始研发M1A3，但是到了2014年，这一研发计划又被推迟至2020年。原本计划用于M1A3的项目现在已被并入M1A2 SEP系列中，于是下一个型号是叫M1A3还是M1A2 SEPv4就成了一个问题。

在本书即将出版之际，美国陆军正式提出即将研制一种新型坦克，这是目前美军唯一的坦克计划，其名称暂定为：机动防护火力战车（MPF）。MPF属于轻－中型坦克，计划用于M1坦克无法通过的狭窄城市街道或丛林地带作战。目前规定其最大重量为32吨，并建议使用现有的105毫米或120毫米坦克炮，避免使用新型号的弹药。自2014年以来美国陆军一直在资助该项目的概念性研究。2015年和2016年，BAE系统公司在美国陆军协会（AUSA）年会上展示了一辆演示验证样车。这辆演示样车的原型是1996年被取消的可空运坦克——M8装甲火炮系统（AGS），它配置有低后坐力的105毫米主炮和自动装弹机，总重约20~25吨，具体重量取决于所用装甲。2016年10月4日，美国陆军坦克机动车辆与武器司令部的地面作战系统项目执行官大卫·巴塞特少将向美国陆军协会表示，美国陆军希望与可能的竞标者就竞争性研发MPF"明确地谈论需求"，"我们不愿意等待冗长的自下而上的设计过程"。陆军希望在2019年开始进行MPF平台的小批量试生产，并在2023年装备首批部队。

MPF的主要作战使命是支援步兵作战，而非对抗敌方主战坦克。它只能算作一种轻型或中型坦克，有可能替代步兵旅中战斗全重较重的"布雷德利"履带式步兵战车和"斯崔克"8×8轮式步兵战车。

一种新型主战坦克从提出军事需求到装备部队，至少需要10年以上的时间，而且目前来看美国陆军并不需要新型号的主战坦克。

M1坦克的基础型已经在美军中使用了近40年，其主要武器装备和外部装甲已经全部更换，因此必须进行进一步的升级，才能确保完成60年的服役期（即2040年）。

在历史上，主战坦克服役寿命达60年是非常罕见的，因此无法预测这会带来什么样的后果。算上1960年以来在美国军队服役的和此后出口的，一些M60坦克已经服役了将近60年，仍在服役的M60坦克都是后期型号，并且它们大部分时间都处于停用状态。

M1坦克正在面临来自其他国家坦克的挑战。从许多方面来看，那些坦克通常状态更新、性能更强大，而且价格更便宜。与"豹"2相比，西方进口商就不会将M1坦克作为首选。而当俄罗斯向更多国家出口包括像T90坦克这样性能类似的竞争产品时，其新型T14"阿玛塔"坦克似乎已经全面超越了西方竞争对手。

未来，M1系列坦克可能会装配更大的火炮，加装更奇特的防护材料来升级装甲，并配备更强大、更高效的发动机。这可能会形成一种新的衍生型号，比如M1A3；也可能变成新的基础型，比如M2坦克。

下图 俄罗斯在2015年向外界展示的T14"阿玛塔"坦克（美国国防部供图）

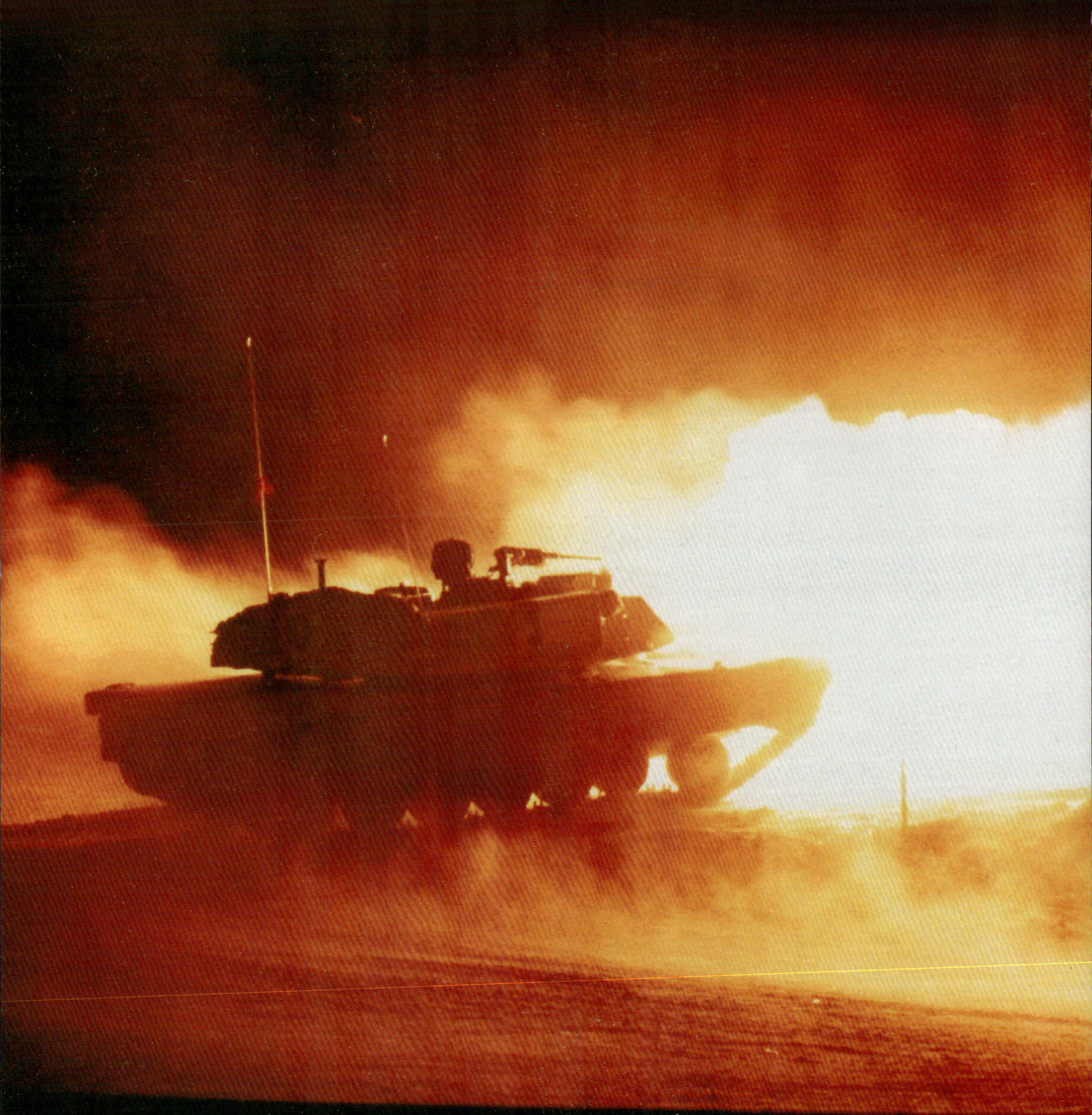

第二章

# 杀伤力：从武器系统的配置到坦克炮

M1 艾布拉姆斯主战坦克配备了世界上最先进的 105 毫米主炮，并计划将其升级为 120 毫米主炮。它已经升级了最新的目标跟踪和火控系统，安装了新的武器站，能够适应维和行动和反恐作战的需要。从目前来看，它至少会服役至 2040 年，在这期间可能会换装 140 毫米口径火炮或威力更加强大的 120 毫米口径弹药。

**插图** 在得克萨斯州胡德堡基地的坦克训练场，一辆 M1A1 在夜间从防御位置开火（帕特里克·科恩供图）

右图 一个即将组装完成的 M1A2 炮塔吊篮，上面布满了各种线缆（美国国防部供图）

## 坦克车组乘员的指挥口令

M1 坦克车组乘员在机动、导航、锁定和击毁目标等过程中都是作为一个整体在执行任务。所有车组人员都会对捕捉和攻击目标进行训练，直到这些操作成为一种下意识的肌肉反应。

车组人员根据得到的不同指令，确定由谁（车长或是炮长）来操作哪种车载武器消灭目标，不同的目标对应不同的武器 [坦克乘员可选择的武器包括脱壳弹——脱壳穿甲弹（APDS）；破甲弹或者高爆反坦克弹——一种聚能战斗部弹药；同轴——7.62 毫米并列机枪；车长机枪——12.7 毫米重机枪等]。一般情况下，目标类型包括坦克、装甲运兵车（APC）、卡车、集团有生目标和掩体等。如果有多个目标出现，则要根据威胁程度，确定优先攻击目标。

在下面假想的作战行动方案中，坦克车长发现对方 2 辆坦克，一辆正在前进机动，一辆处于静止状态。

**车长首先发出指令：**"炮长注意，脱壳穿甲弹准备，目标 2 辆坦克，静止目标优先！"车长将目标通知炮长，通知装填手下一发射击需要哪种弹药，如果目标不止一个，则需要明确首先攻击哪一个目标。炮长可能已经通过他的瞄准系统锁定了目标，车长也可以将炮塔转向被识别的目标。

**炮长回复：**"目标已确认！"炮长通知全体乘员他已经锁定目标。炮长利用激光测距仪和弹道计算机为火控系统提供和解算射击诸元（指标尺、高低、方向等火炮射击目标的参数。——译者注）。此时如果坦克正在移动，炮长需要启动稳定系统以确保目标持续锁定。

**装填手回复：**"一发装填！"炮长示意主炮中已装入一发炮弹，并切换到"待击发"状态，确认装填手已避开主炮后膛。

**车长发出指令：**"开火！"

**炮长回复：**"明白！"同时，炮长按下控制器上的扳机按键，完成射击动作。

**车长发出指令：**"目标：移动坦克！"此时车长确认目标已被摧毁，并向炮长提供另一个目标。这一次车长可能会亲自转动炮塔，或者炮长已经锁定了目标。M1A2 坦克为车长提供了第二套光学系统，该系统允许车长在炮长瞄准射击第一个目标时，控制火控系统锁定另一个目标。当第一个目标被消灭，车长可以按下按钮将炮塔掉转到第二个目标上。

**炮长回复：**"目标已确认！"炮长已经锁定了第二个目标，并且按照步骤要求重复完成测距和稳定操作。

**装填手回复：**"一发装填！"装填手在炮膛中重新装填另一发炮弹，并且做好射击准备。

**车长发出指令：**"开火！"

**炮长回复：**"明白！"

**车长或炮长回复：**"命中目标，停止射击！"炮长成功击中了第二个目标。装填手将下一发弹药装入主炮，车组人员在待命的同时继续搜索其他目标。

上图 在利马陆军坦克工厂，一个已经组装完座圈的 M1A2 炮塔，正被吊装到坦克车体上（美国国防部供图）

## 战斗室

战斗室由炮塔内部空间、炮塔座圈、炮塔舱壁和炮塔组成。除了安装车载武器、相关控制系统和存储弹药，战斗室还同时容纳了车长、炮长和装填手。这 3 名车组人员在执行作战任务期间，几乎都要坚守在战斗室狭小逼仄的空间里。

坦克车长席位于炮塔右后方（稍高一些）。炮长席位于车长席前面稍低一些的位置，在主炮右侧。装填手位于主炮的左侧，进行装填作业时，装填手从后方弹药箱中取一发炮弹，装填到主炮中。

除了炮塔上突出的观察孔，坦克观瞄系统均由厚厚的装甲保护着，当坦克整体隐蔽在掩体后面时，观瞄系统可以正常捕获目标。

炮塔转台安装在炮塔内部，可带动其上的装备及 3 名坦克乘员与炮塔一起旋转。该转台由 12.7 毫米厚的铝制圆形地板、炮塔座圈支撑架、立柱和支架等组成，这些都是铝制的。该平台重 130.2 千克。

### 2003年伊拉克战争中，美国海军陆战队坦克车组乘员的战斗指令（美国海军陆战队射击中士尼克·波帕迪奇）

坦克后部涡轮发动机发出低沉的电机轰隆声。头盔上的听觉保护装置能把机枪射击时震耳的噪声变成沉闷的、快速的锤击声，声音小到根本不会影响到注意力，注意力几乎都放在了寻找目标和锁定目标上。坦克车组乘员之间是通过耳机和内置麦克风进行通话的，但我们车组很少交谈。相比之下，一些坦克兵就要聒噪得多，他们高喊着好莱坞式的废话。而我们这个车组就像是正在完成一台手术的医生之间的相互交流，简短而没有废话。车组人员最好在我发出指令后立刻做出正确的反应，如果有人在我命令"开火"的话音落下之前没有迅速扣动扳机，我绝对会给他一些颜色瞧瞧[1]。

---

[1] POPADITCH N, STEERE M. Once a marine: an Iraq War tank commander's inspirational memoir of combat, courage and recovery [M]. New York: Savas Beatie, 2008:3.

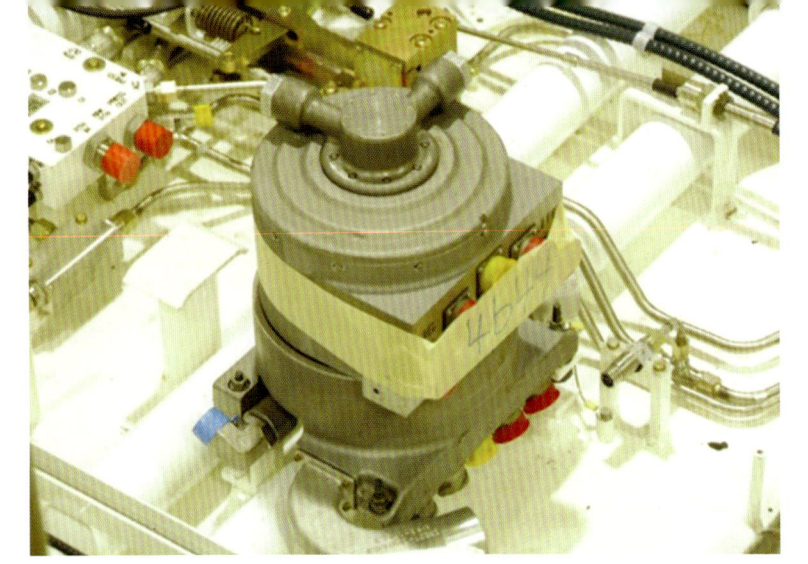

左图 组装 M1A2 过程中，在安装炮塔和炮塔座圈之前，可以看到战斗室地板上的基础连接点（美国国防部供图）

## 炮塔控制装置

炮塔在带有轴承和钢环的炮塔座圈上旋转。从坦克车体到炮塔的所有电动连接都是通过增设的连接环完成的，可以允许炮塔进行连续转向360°，最快旋转一周大约9秒。炮塔通过液压马达和齿轮箱的综合机构进行旋转。液压转炮系统由车长或炮长控制，出现故障时，可以在炮长位置转动手动曲柄来转动炮塔。

发动机输出动力经附件齿轮箱传递给液压马达，并最终驱动液压缸推动炮塔旋转。这些配件被一起打包布置在发动机的前端。

液压油储存在炮塔座圈的油箱中。该油箱高约 584 毫米，长约 762 毫米，宽约 330 毫米，由几块不同厚度的金属铝板制成，空罐重约 13.2 千克。

上图 这是刚刚改装完成的 M1A2 SEP 内装填手座位旁的主电气接线盒（美国国防部供图）

右图 主液压泵由发动机舱中的辅助变速箱驱动（美国国防部供图）

## 车长席

**坦**克车长是坦克乘员中级别最高的士兵，通常由上士担任。排长（PL）和副排长（PSG）在其各自的战车上担任车长。车长通常是从经验丰富的坦克乘员中选拔任用的。车长除了要掌握自己战位的操作流程，还要负责了解其他车组人员的操作，并将有关知识传授给车组其他乘员。

美国陆军《野战手册》对 M1 坦克的车长职责进行了如下描述：

车长负责向排长汇报本车的设备情况、后勤补给需求情况和战术使用情况。他向全体车组乘员通报情况，指挥坦克行动，提交报告，并指挥对受伤车组人员的初步急救和送到后方接受进一步治疗。坦克车长是使用坦克武器系统、请求间接火力支援和执行陆路导航的专家。车长必须理解掌握连队的使命，领会连队指挥官的意图。车长必须有能力在上级授权时承担排长或者副排长的职责。这就要求车长能够使用所有的光学设备进行观察、接听无线电、监测车际信息系统（IVIS）或应用数字屏幕来保持战场态势感知能力。

车长席位于炮塔右后方。车长可通过车长舱门进入，车长舱门关闭时也可从装填手舱门进入。主炮射击操作期间，滑动护臂和旋转护膝保护装置可防止车长被主炮后坐碰伤。

车长舱门有关闭、保护打开和完全打开三种状态。车长舱门只能在炮塔内部操作。关闭位置提供完全保护，而保护打开位置为车长提供上半身的保护，完全打开的舱口只能为车长的头部或身体提供有限的保护。

车长的座位被固定在炮塔座圈的地板上和侧面，这样车长就可以和炮塔一起旋转。车长座椅除了中间的平台为铝制，其他均由钢制成，总重约 47.2 千克。车长座椅是坦克 4 个座椅中结构最复杂的：座椅底部、座椅靠背和上平台可以折叠成垂直或水平；座椅和平台的高度都

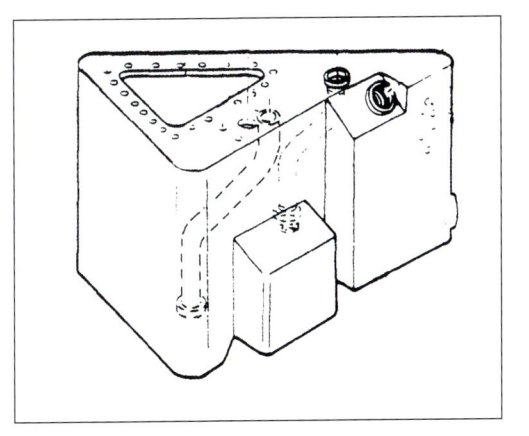

**左图** 液压油箱位于炮塔吊篮的地板上（美国国防部供图）

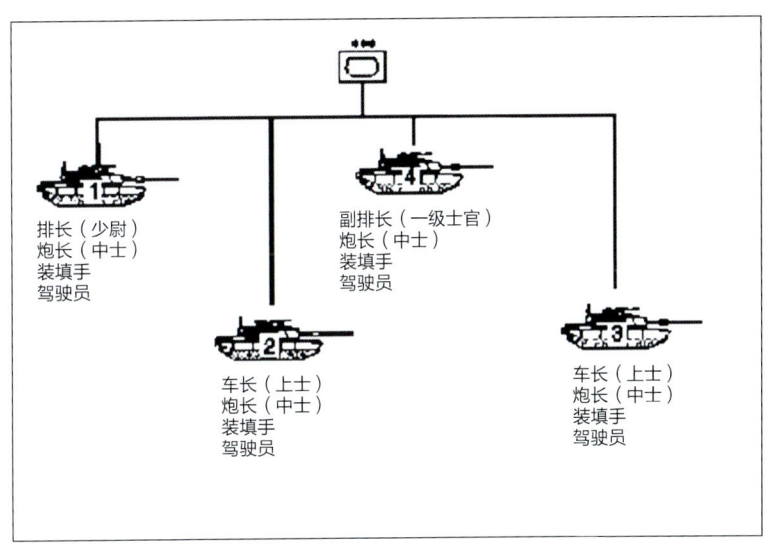

**上图** 美国陆军官方发布的《野战手册》中用图形的方式对美军坦克排的编制情况进行了描述（美国国防部供图）

可调节。车长通常靠在垂直的椅背上，这样一来，他就可以通过舱盖进行隐蔽观察，也可以迅速撤回到有装甲保护的位置。车长的折叠座椅被士兵们亲切地称呼为"高速公路座椅"，车长在舱盖打开允许部分暴露的情况下，可以在座椅上长时间地指挥车辆行动，而不必担心成为敌人瞄准的目标，或是被行进中突然扫过车

左图 从这个角度可以看到车长位置顶部打开的舱盖，车长座椅处于折叠状态。座椅另一侧是车长的控制手柄。座椅前部的大显示屏用于安装适配于M1A2 SEP的数字彩色地形图。靠近显示屏近方位的是车长观察镜的目镜（美国国防部供图）

顶的树枝击中。

车长可以利用车长控制面板控制坦克主电源和炮塔电源，开启辅助液压动力，操纵安装在炮塔上的发射器释放烟幕弹。

M1坦克设计了全新的火控系统，可以实现在车长和炮长之间共享主炮的控制权。这种能力在当时被称为"猎-歼"，后来人们也将其称为"战场管理"或"多目标管理"。车长席配备有车长周视镜，主要用于搜索目标。当车长锁定一个目标的时候，并确定使用主炮攻击，他就会将目标信息传递给炮长，由炮长接手该目标；或者越过炮长，操纵火炮指向目标。车长可以通过光学延伸装置共享炮长主瞄准镜（GPS）的视野景况，从而与炮长同时观察目标。

M1A1的火控系统由加拿大计算设备公司提供，该公司后来被通用动力公司收购。M1A2

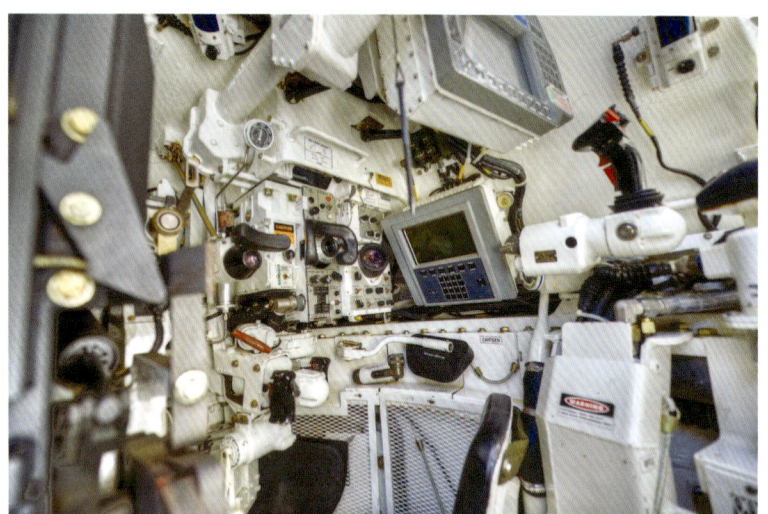

上图 M1A2 SEP内部的车长席（右上方）和炮长席（中下方）（美国国防部供图）

右图 当车长和炮长各就各位时，整个坦克内部就会显得非常拥挤（美国国防部供图）

右图 从炮塔外面可以看到，一名爱沙尼亚的参观者右手正握在车长控制手柄上（美国国防部供图）

装备了车长独立热像仪（CITV），使车长能够独立于炮长的观瞄系统识别目标。

虽然主炮的弹道计算机由炮长控制，但车长仍然可以操作激光测距仪，并通过车长控制面板手动设置主炮的射程。

车长可以转动炮塔，并通过手柄操纵主炮和并列机枪，这两种武器之间的切换是在炮长的控制面板上完成的。

2016 年，美国海军陆战队宣布，计划在 2018 年之前对现有的 M1A1 进行升级，配

右图 在这辆美国海军陆战队的 M1A1 上，可以看到完全打开的车长舱盖。车长在操作通信系统时，另一只手扶在 M2"勃朗宁"12.7 毫米机枪的枪架上（美国国防部供图）

左图 1992 年，坦克排派特·科恩排长在车长舱中指挥坦克在科威特的道路上行进。注意坦克兵 CVC 头盔左侧的对讲机/无线电信号线，阻燃式 CVC 防护服由芳纶纤维制成。坦克全体车组人员都配有坦克兵 CVC 防护服和带有集成式通信系统的防护头盔，可提供防弹保护（帕特里克·科恩供图）

53

第二章 杀伤力：从武器系统的配置到坦克炮

**右图** "艾布拉姆斯综合显示和瞄准系统"（AIDATS）在车长遥控武器站上安装了一个具有彩色白光和单色红外功能的高清摄像头。收集的图像信息显示在车长目镜上方固定的显示器上。车长地图则显示在目镜右侧的屏幕上（美国国防部供图）

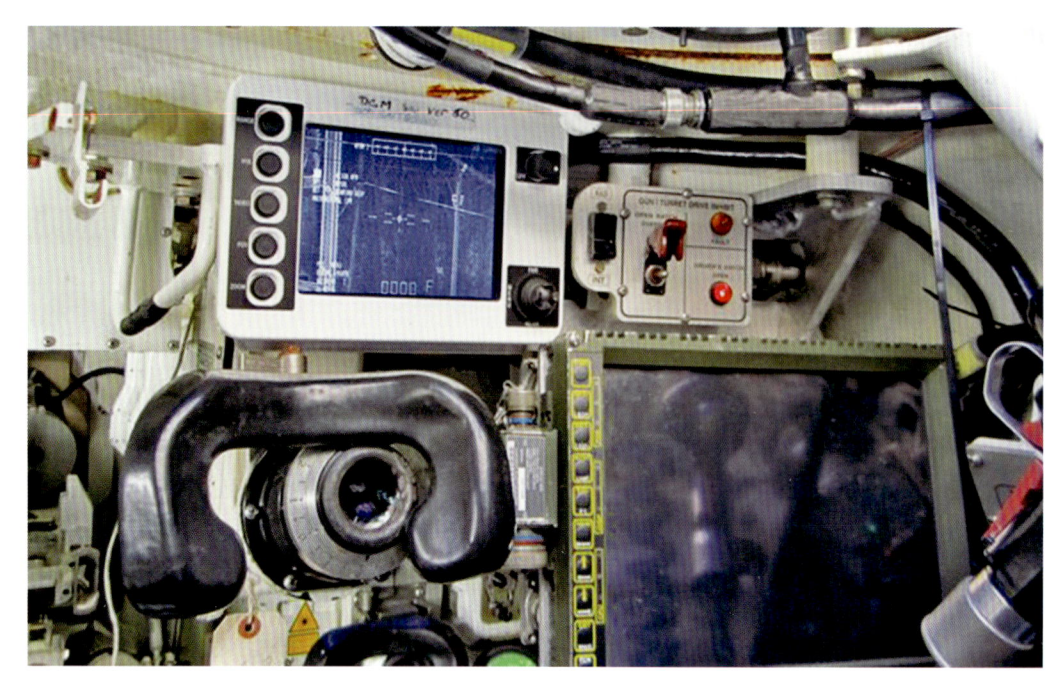

备最新的"艾布拉姆斯综合显示和瞄准系统"（AIDATS）。该系统采用与固定式彩色显示屏相连的高清晰彩色摄像头取代稳定式遥控武器站上的黑白摄像头，可见光条件下可获得更高分辨率的彩色目标显示，以及更远的观测距离，同时还集成了一体式单色热像仪。"艾布拉姆斯综合显示和瞄准系统"包括一个方位指示器，可显示车长武器相对于炮塔的姿态，同时将原先车长控制武器和炮塔的两个手柄替换为一个手柄。手柄上设有"转换提示"的快速转炮按钮，当车长使用机枪瞄准目标时，按下按钮可以让主炮自动瞄准同一目标。

**左上图** 车长席上的格雷格·沃尔顿，拍摄于1991年2月海湾战争之前（格雷格·沃尔顿供图）

**左下图** 在1997年纽约州北部演习中的布鲁斯·奥利弗·纽瑟姆（布鲁斯·奥利弗·纽瑟姆供图）

右图 M1A2 SEP 上的 M2 机枪安装在车长舱盖前方，M240 机枪安装在装填手舱周围的座圈上。两种枪架都只可以机械瞄准，而不能遥控击发（美国国防部供图）

## 车长遥控武器站

车长的第二个控制手柄被称为车长武器站（CWS）动力操纵手柄，通过该手柄，车长能在炮塔内部操作 12.7 毫米车长机枪。使用控制手柄可以移动车长武器站的方向，提拉曲柄可以调整车长武器站机枪的高度。车长机枪配有 3 倍光学瞄准镜，他可以使用遥控击发装置从炮塔内隐蔽位置进行射击。按下手柄顶部按钮，被激活的机电开关会扣动 M2 机枪的蝴蝶形扳机完成射击。

这一遥控击发系统被安装到 M1A1 上。M1A1 的艾布拉姆斯综合管理系统 (AIM) 为车长机枪增设了热成像设备。

由于增设了车长独立热像仪，因此在 M1A2 设计中去掉了车长遥控武器站。M1A2 的车长机枪不能遥控，车长只能探身在舱外，直接操作机枪瞄准目标。

右图 M1A2 TUSK 装配有车长遥控武器站，其主炮上方装有一挺 M2 机枪，裙板上装有反应装甲，可保护坦克侧面不受火箭弹攻击（美国国防部供图）

右图 2007 年 8 月 17 日，一辆 M1A2 SEP TUSK 正经过伊拉克塔吉市场附近的交通管制站。该坦克隶属于第 8 骑兵团第 2 营 C 连。它已经进行了部分改装，装填手装甲护盾已安装到位，车长装甲护盾还没有安装。在它身后是一辆 M3"布雷德利"骑兵战车（CFV）（帕特里克·科恩供图）

55

第二章 杀伤力：从武器系统的配置到坦克炮

上图 2008年10月31日，2辆坦克停靠在伊拉克首都巴格达附近的贝斯玛雅射击训练场。其中一辆M1A2 SEP TUSK已经加装了车长遥控武器站，配备了装填手装甲护盾，在主炮上方为M2机枪提供了遥控击发装置（图片中的这辆坦克没有安装M2机枪）。作为"坦克城市生存能力组件"的一部分，坦克侧裙板的反应装甲也已经安装到位。另外一辆是伊拉克陆军已经加装车长武器站的T72坦克（美国国防部供图）

针对这一问题，美军先后在M1A1/M1A2上加装了坦克城市生存能力组件（TUSK）和通用遥控武器站（CROWS）。这两次升级都增设了可用于安装车长机枪的武器架、击发机构和独立的M2机枪瞄准系统。升级后，车长又可以隐蔽在炮塔内安全射击了。

坦克城市生存能力组件是2003年根据伊拉克战争的经验安装的，它包括一个车长遥控武器站和一个装填手装甲护盾（TAGS）。第二挺M2机枪可以安装在坦克炮上方的中心线上，采用与车长遥控武器站相同的装置。这些升级主要用于2003年以来在伊拉克参战的坦克，根据部队担负任务的不同，可能会采用不同的配置组合。

2004年，通用遥控武器站（CROWS）最

左图 M1A2 SEPv2上安装的第二代通用遥控武器站（CROWS）（美国国防部供图）

早部署在轻型车辆上,直到2010—2012年才安装到M1A2 SEPv2上(装配的是第二代通用遥控武器站)。它可以兼容M2机枪、7.62毫米M240机枪或7.62毫米M249机枪,甚至可以兼容Mk19自动榴弹发射器。通用遥控武器站采用陀螺稳定系统,能够进行360°旋转,俯仰范围为负20°到正60°。它装有一个白光摄像头(视场27×47°)、一个红外摄像头(双视场2×3°和2×11°)和对人眼安全的激光测距仪。第三代通用遥控武器站的侧面和后部都装有摄像头,可在不旋转安装架的情况下提供范围更广的态势感知信息;红外激光指示器可在夜间指示目标;激光致眩器可作为替代机枪的非致命武器。M1A2 SEPv3配备有低轮廓通用遥控武器站。

2013年2月,在国际防御展览会(IDEX)上,展示的M1A1 SA配备了稳定型车长武器站(SCWS)。该武器站是专为M1A2与美林科技集团(Merrill Technologies Group)联合开发的,装备有一门M2机枪。M1A1 SA的稳定型车长武器站系统配有3种操作模式和白光/红外瞄准镜,用于提高目标捕获能力。

自第一次世界大战以来,12.7毫米"勃朗宁"M2机枪因其强大的火力和可靠的设计,成为西方军队重型机枪的首选。以美国为首的"联军"在阿富汗战场上购买了大量的M2机枪安装在车辆上,或是将其从车上拆下来执行基地防卫任务。2010年,通用动力公司展示了其研发的替代产品XM806机枪,并承诺该产品与M2机枪性能相当,并且重量更轻(含三脚架共28千克)。

上图 一挺配置在第二代通用遥控武器站上的M2机枪正在试验台架上进行射击(美国国防部供图)

左图 根据设计,在第二代通用遥控武器站上可以用Mk19自动榴弹发射器替换M2型重型机枪,图中正在射击的就是M19自动榴弹发射器(美国国防部供图)

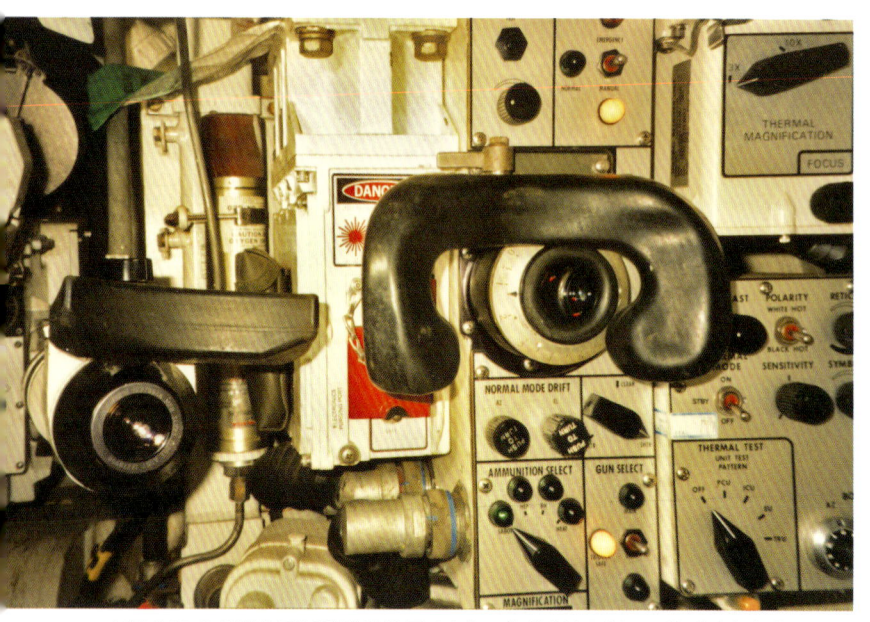

上图 M1 内部的炮手辅助瞄准装置（左）、主瞄准镜面板和目镜（中）与热成像仪面板（右）（布鲁斯·奥利弗·纽瑟姆供图）

上图 这张 M1 内部的照片，是从后膛另一侧装填手位置拍摄的。图中可以看到炮手席，炮长座椅折叠起来靠在炮塔座圈的侧面。左侧是炮长控制面板。右上角是车长位置的某些设备（布鲁斯·奥利弗·纽瑟姆供图）

下图 M1A2 SEP 内部的炮长席（美国国防部供图）

## 炮长席

**美**国陆军坦克排在《野战手册》中对炮长的职责是这样描述的：

炮长负责搜寻并瞄准目标，使用坦克主炮和并列机枪射击。炮长协助车长维护坦克武器装备和火控系统。炮长作为车长助理，在需要时履行车长职责，还可根据需要协助其他车组人员。在坦克通信和控制系统操作方面，炮长主要负责保持坦克车际信息系统（IVIS）或数字处理系统的信息联通，在数字处理器上输入弹道修正数据，在行动规划和准备阶段监控数字显示器。

炮长可以通过车长舱门或者装填手舱门进入坦克。车长席在炮长进出的必经通道上，因此炮长必须先于车长进入坦克，并在车长之后离开坦克。

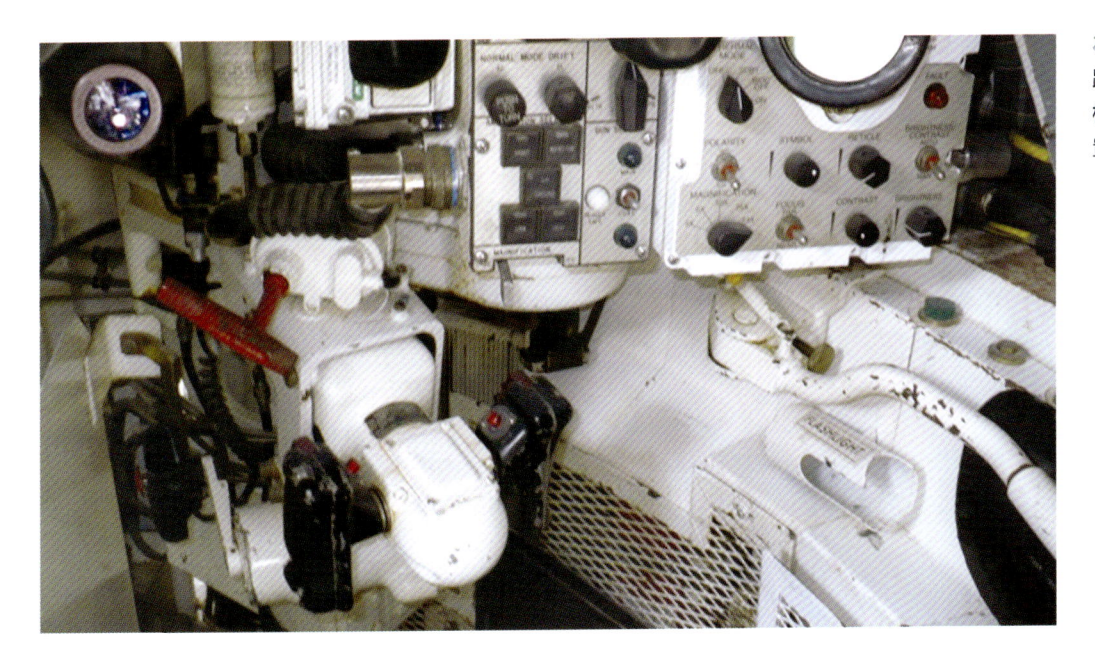

左图 从这张照片可以近距离看到 M1A2 控制面板下方炮长的手动操纵装置（美国国防部供图）

炮手利用坦克光电设备观察和锁定并攻击目标。主瞄准镜可提供 3 倍的宽视场和 10 倍放大的窄视场，观察镜可进行白光和红外功能切换。炮长通过控制面板选择弹药类型（尾翼稳定脱壳穿甲弹、破甲弹）、武器类型（坦克主炮或者并列机枪）、武器调零校正和热成像（对比度、极性、标线亮度等）的调整。

炮长手柄可控制液压系统转动炮塔和调整主炮俯仰，其上装有手握式开关用于稳定火炮操作。按钮用于发射测距激光，扳机用于发射武器系统。

炮长配有辅助光学瞄准镜，可在主光学系统损坏或发生故障的情况下，进行辅助观瞄。他还可以在必要时装填并列机枪（该机枪安装在主炮旁边紧挨炮长位置的一侧）。

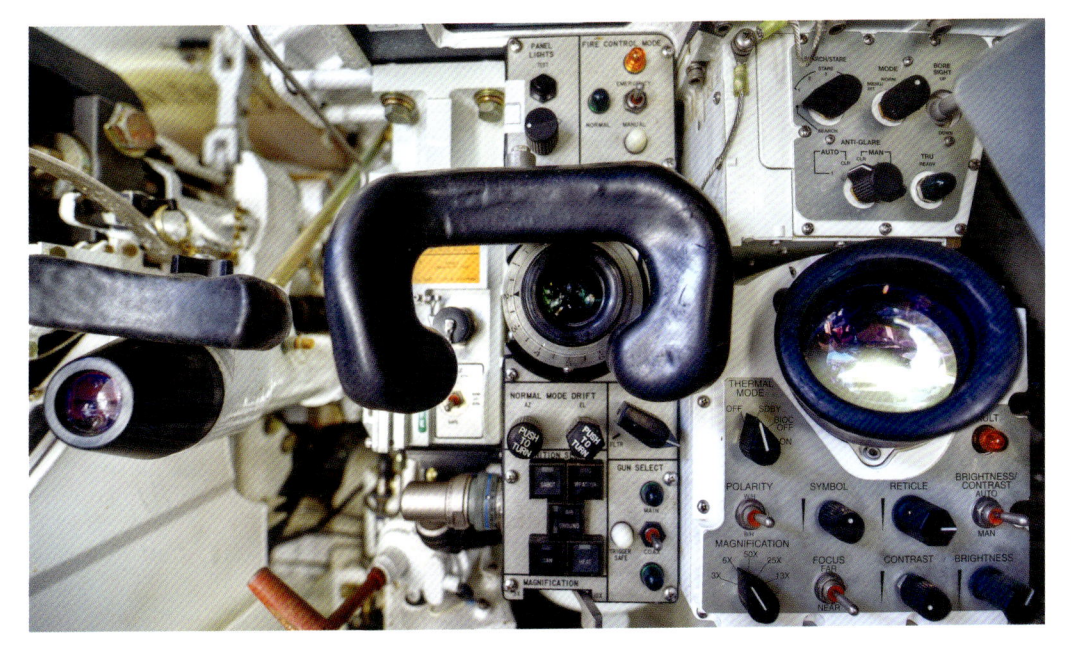

左图 M1A2 SEP 内部的炮长辅助瞄准镜（左）、主瞄准镜面板和目镜（中）、热成像瞄准镜面板和目镜（右）（美国国防部供图）

59

第二章 杀伤力：从武器系统的配置到坦克炮

## 实弹射击训练

### 装填手席

美国陆军坦克排在《野战手册》中对M1坦克装填手的职责是这样描述的：

装填手负责装填主炮，为并列机枪更换弹箱；如坦克配有装填手机枪，装填手还要负责利用装填手机枪瞄准射击。装填手受车长指挥，负责存放和保管弹药，维修通信设备。在交战之前，装填手主要负责搜寻目标，执行对空警戒，防范敌方反坦克导弹（ATGM）的袭击。根据需要协助车长，指导驾驶员操作，确保坦克保持队形。必要时装填手应协助其他车组人员。由于装填手的位置非常理想，既可以观察坦克周围的情况，也可以监视坦克的数字显示器，所以排长和车长通常指派乘员中经验第二丰富的乘员作为装填手。

装填手从上方舱口进入坦克。装填手位于

右图 在德国巴伐利亚州格拉芬沃尔训练场的射击控制室内，美军人员使用无线电通信和闭路电视指挥坦克炮长训练。在控制室外，一辆M1A1正停在隐蔽位置，准备新一轮训练（格雷格·沃尔顿供图）

右图 在格拉芬沃尔训练场，一辆M1A1行进间向目标发射一枚120毫米尾翼稳定脱壳穿甲弹。先进的火控稳定系统使得坦克可以在所有速度下瞄准锁定并完成射击。照片中近方位是一座坦克射击掩体（格雷格·沃尔顿供图）

左图 夜间射击训练是所有坦克兵必须完成的训练科目。在德国巴伐利亚州格拉芬沃尔训练场，一辆M1A1从防御阵地向其左翼开火射击。这张照片恰好捕捉到了炮弹射出后火药残渣在膛口位置燃烧形成的巨大火球，同时还可以清晰地看到正在空中飞行的曳光弹和一枚跳弹的红色轨迹（格雷格·沃尔顿供图）

左图 即使在白天，火药残渣在膛口位置燃烧形成的火球也非常明显，而且通常看上去比一辆坦克的体积还要大。照片拍摄于2007年4月27日，一辆隶属于第26海军陆战队远征队第2营登陆队的M1A1，在位于科威特的乌代里靶场进行实弹射击训练（美国国防部供图）

左图 在干燥的地面上开炮，伴随着闪光，会升起大量的灰尘（美国国防部供图）

61

第二章 杀伤力：从武器系统的配置到坦克炮

左图 2008年3月9日，在代号为"关键决心"和"鹞鹰"的美韩联合军事演习中，美国海军陆战队第1远征部队坦克1营的一辆M1A1正在韩国罗德里格斯营地的实弹射击中心进行射击训练（美国国防部供图）

下图 1997年3月19日，美军在加利福尼亚州欧文堡基地进行为期6周的"先进战斗实验"演习（AWE），此次演习测试验证了从新的计算机设备到新的部队结构编成等72条创新方案。这张照片拍摄了演习中一位M1A1的车长在操控车长用M2机枪［已安装有多功能综合激光交战系统（MILES）］（美国国防部供图）

下图 一辆M1A2 TUSK在美国某训练场进行实弹射击（美国国防部供图）

右图 采用模拟弹药是一种很好的替代训练方法。这辆安装有多功能综合激光交战系统2000型的M1A1正在佐治亚州的斯图尔特堡陆军基地进行模拟对抗演习。该系统发出白色烟雾模拟坦克射击，同时向目标发射激光。如果激光打在目标的传感器上，将导致传感器指示灯闪烁，指示目标被击中。从这张照片上，可看到炮塔顶部、侧面和后方安装着一些黑匣子，这些黑匣子是由多个激光接受传感器和模拟器组成的（美国国防部供图）

62
M1艾布拉姆斯主战坦克工作手册

右图 从 M1A2 SEP 炮塔内部看，较大的那个孔是装填手舱口（看不见舱盖），而坦克外侧较小的孔是车长舱口（可以看见舱盖）（美国国防部供图）

右图 在装填手后方，可以看到弹药储存通道门。炮塔内壁左侧安装有对讲机和通信控制盒与三防软管接头。舱门外可以看见装填手用 7.62 毫米的 M240 机枪的安装架（美国国防部供图）

主炮左侧，紧挨并列机枪弹药箱。他可以在主炮后方的空间活动，并从其后部的弹舱获取弹药。

根据指令，装填手通过膝动开关打开其右侧的液压控制门，之后将选择的弹药从弹药管中拔出，转身将其塞进炮膛。弹药装填到位，炮膛上升到锁定位置，装填手将保险/发射手柄扳到发射位置，此时允许炮长开火。装填手将重复这些步骤，直到车长下达停止射击命令。

右图 从装填手舱口位置拍摄到的 M1A1 主炮射击瞬间（美国国防部供图）

63

第二章 杀伤力：从武器系统的配置到坦克炮

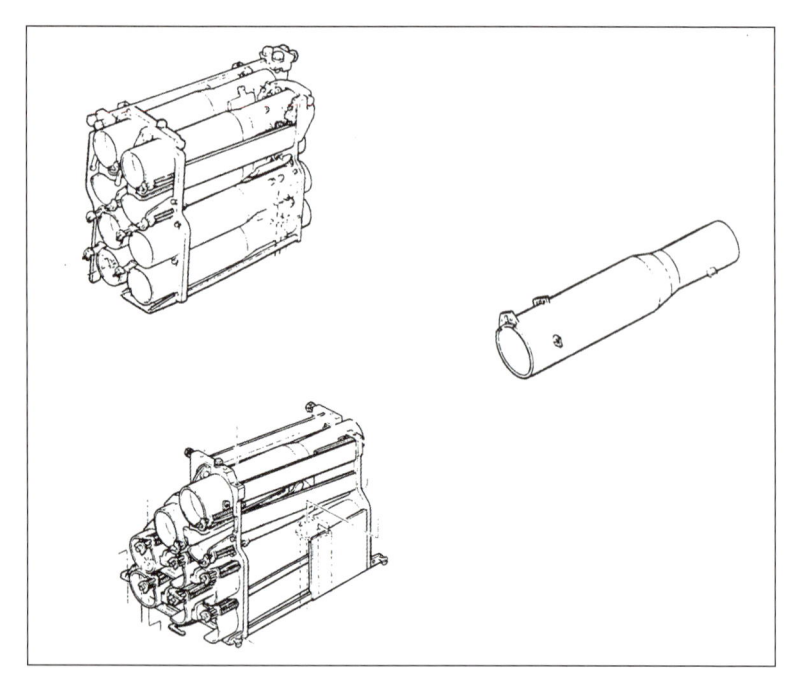

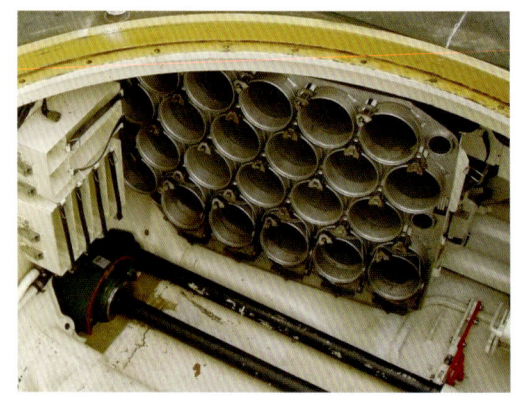

上图 左侧是供弹系统组装过程中左侧炮座里放置的弹舱（美国国防部供图）

上图 弹舱一般由多个弹药管组成。左上方是包含8根弹药管的弹舱，左下方是包含9根弹药管的弹舱。右边是从弹舱上卸下来的单个弹药管（美国国防部供图）

右图 M1A1炮塔储物箱的两种设计方案（1号方案和2号方案）（美国国防部供图）

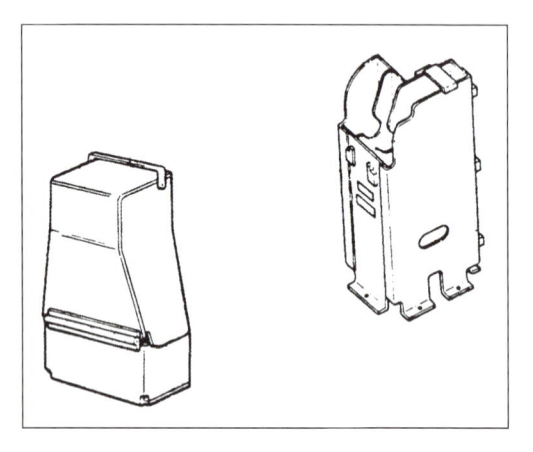

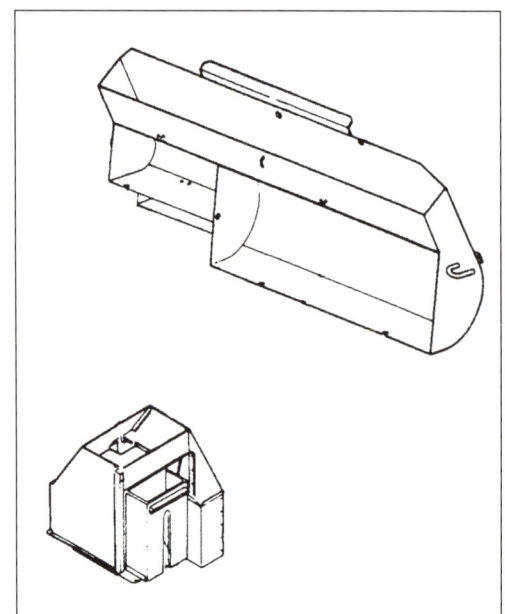

右图 M1A1炮塔储物箱的另外两种设计方案（3号方案和4号方案）（美国国防部供图）

## 弹舱

坦克主炮的弹药装在弹舱里。弹舱由铝制框架和固定的铝制金属管组成，总重量约185千克。

M1坦克的独特之处在于其炮塔后方的弹药储藏隔舱门或称为栅栏。弹药舱通过液压启动的隔离门将主炮弹药与乘员舱隔开，装填手每装填一发弹药，该隔离门都会滑动打开和关闭，其内设置有开口向前的弹药储存管。一旦坦克装甲被敌方炮弹穿透，发生弹药殉燃殉爆，炮塔顶部的泄压板会首先被冲开，可以在最短的时间内将火焰与冲击波释放到坦克外面，避免殃及乘员舱。

其他弹药存放在炮座的储物箱内，该储物箱位于履带护板和坦克车体两侧车顶之间的间隔层。战斗舱里有4个弹药箱。炮座里的储物箱上盖有铝制金属盖，每个盖子重约6.8千克。M1上有2个这样的盖子，而在M1A1上只有1个。

战斗室可容纳4个弹药箱、2个车辆配件箱、1个集装箱和1个特种设备箱，每个箱子的尺寸和制造方式各不相同，每一个都由铝板焊接而成。

用车组人员的话说，炮塔内的弹药被区分

上图 1991年2月26日，海湾战争期间的一辆M1A1。坦克车组人员在炮塔顶部放有携行的7.62毫米口径弹药，备用履带固定在炮塔侧面，旁边还悬挂有一个装有车组人员物资的背囊（格雷格·沃尔顿供图）

为"存放区"和"准备区"。由于很难进入，并且需要炮塔横向锁定才能存放或取回弹药，因此大多数坦克乘员不会将弹药放置在车体的存放舱中。装填手打开隔离舱门即可取出准备区的弹药。而存放区的弹药必须先从装载区搬运到准备区，需要手动打开两个隔间前面的门，再将弹药从一侧搬到准备区。

M1可装载55发105毫米弹药，其中44发装在炮塔尾舱内（左右弹舱各存放22发），3发存放在炮塔内待用，8发装在车体间隔箱内。而M1A2可装载42发弹药，36发在弹舱上，6发在坦克车体装甲隔舱内。

右图 正在从伊拉克到科威特行进的一列M1A1。坦克外部的临时挂装解决了坦克成员夜间休息的问题，帆布袋中装有伪装网和电台天线（格雷格·沃尔顿供图）

65

第二章 杀伤力：从武器系统的配置到坦克炮

右图 这张照片拍摄于2004年11月10日的美军"伊拉克自由行动"期间，距离1991年海湾战争的"沙漠风暴行动"已经过去了13年的时间。美军的坦克乘员仍然像他们的前辈一样，在炮塔上存放着额外的弹药甚至还有备用的车轮和履带。车体正面挂装有牵引杆和牵引绳。这辆隶属于美国陆军第1骑兵师第7骑兵团2营的M1A2坦克被命名为"现在你能听到我吗？"（这是模仿一条手机广告的梗——译者注）（美国国防部供图）

并列机枪通过一个装有2800发（7.62毫米×51毫米）北约标准弹的"预备箱"供弹。预备箱位于主炮左侧，紧靠炮膛的位置，弹药通过供弹滑道从主炮上方送入机枪位置。

在交战过程中，即便存在一定的危险，M2机枪和M240G机枪的备用弹药一般也会储放在炮塔的地板上或炮塔顶部。

## 外部工具箱

M1炮塔的外侧都装有2个工具箱。每个外部工具箱由焊接在一起的铝板组装而成，重约17.24千克。M1A1坦克在炮塔后部也有一个工具箱。

## 火控计算机

M1坦克设计有电子火控系统（或弹道计算机），它可根据横向风力、外部气温、炮身倾斜角度等因素自动调整瞄准点。影响其计算结果的信息包括：弹种选择和发射药温度、激光测距仪测量的目标距离、炮手或车长控制系统中的跟踪速度计测量的目标横向移动速度、炮口校准参考系统的炮身倾斜角度、通过横风传感器测量到的横向风力、通过外部仪表测量的外界空气温度、根据外部气压计测量的大气压力、根据摆式静态倾斜传感器测量的坦克姿态等。

弹道计算机每秒可计算30次，能够执行交战过程中炮手不可能完成的计算工作。

炮手获得目标后，将炮口瞄准镜的十字线对准目标，这个十字线标记显示在瞄准镜的标线内。然后炮手启动激光测距仪，测得的距离和目标周围的瞄准标记反馈回来。弹道计算机根据返回的距离信息计算命中目标需要的主炮角度，之后根据横向风力、外部温度和炮管磨损等计算发射参数。计算完成后，炮

下图 炮塔外部的俯视图，显示了外部贮存箱（每侧一个）和贮存箱盖子打开状态下的3/4视图。如图所示，M1A1炮塔的后部有一个单独的贮存箱（美国国防部供图）

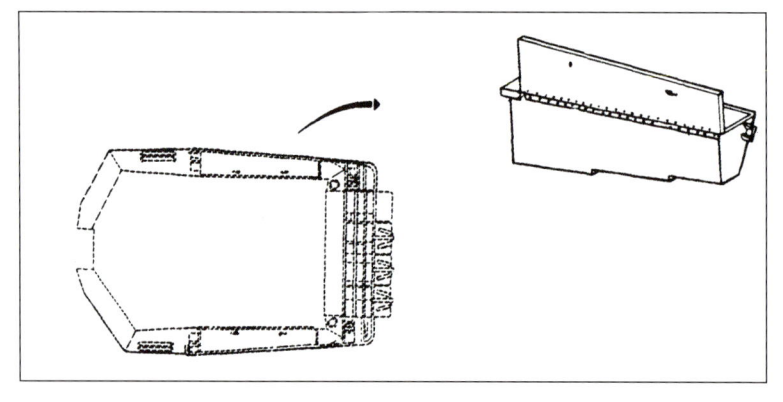

手按下自动瞄准开关，使瞄准标记偏移到校正后的瞄准点，并且调整火炮姿态与校正后的瞄准点一致。一切准备就绪，炮长就可以开火。

## 测距仪

M1系列坦克延续MBT-70坦克和M60A3坦克的设计思路，均装有激光测距仪。理论上激光测距比光学测算法更精准，其测量精度可达到10米左右，测量范围在200米到7990米之间。但是在实际应用中，激光测距仪的测距精度会远低于理论值。激光对准是一项非常麻烦的工作，往往会因为操作不当造成测量误差。激光测距仪还会受到灰尘或树木等的干扰出现误差，在远距离情况下这一问题尤其明显。测距仪可能会报错几十米，甚至几百米的距离。在一次2000米距离的测试中，40%的目标测距会出现几百米的误差。不过，在这一射击距离上，以M1的射击时的初速和低伸的弹道曲线，这种测量误差对结果的影响可能并不明显。

## 车载武器系统

M1内部设有多个武器系统，它们全部安装在炮塔内或炮塔上：

- 坦克主炮（美国士兵有时候称它为加农炮）：M1装备105毫米线膛炮；M1A1和M1A2装备120毫米滑膛炮；
- 赫斯塔尔公司生产的7.62毫米M240G机枪，安装在主炮右侧，与主炮同轴转动，通常被称为并列机枪或同轴机枪；
- 勃朗宁制造的12.7毫米M2机枪，安装在车长舱盖上，位于炮塔右侧；
- 赫斯塔尔公司生产的7.62毫米M240G机枪，安装在炮塔左侧装填手舱口周围的框座上。

以上4种武器中有3种（包括坦克主炮，并列机枪和M2机枪）可以从车长位置进行瞄

上图 格雷格·沃尔顿在1991年3月拍摄的这张照片，详细记录了M1A1所有4种已安装的武器：最靠近摄像机的是一挺车长用M2机枪；旁边是配给装填手的一挺M240机枪，在主炮炮管的右侧是M240并列机枪；120毫米主炮与105毫米主炮的区别在于炮管中间的排烟装置（格雷格·沃尔顿供图）

准和射击。炮长可以同时使用坦克主炮和并列机枪。装填手可以使用他的M240G机枪向对方人员或飞机等目标进行射击。

## 主要武器

### 105毫米坦克炮

美国陆军在指定M68型105毫米坦克炮作为M1主炮的时候，就已经考虑到该火炮在射击精度和穿透威力上要进行较大的改进。比

左图 此处显示的是M1A2 SEP上7.62毫米并列机枪的安装支架（美国国防部供图）

较容易实现的技术途径是研发带有钨合金弹芯的次口径脱壳穿甲弹（APDS）。紧随其后的是研发带有滑动闭气环的尾翼稳定脱壳穿甲弹（APDSFS），即后来的 M735 式穿甲弹。之后是 1975 年进行的采用贫铀合金做弹芯材料的尾翼稳定脱壳穿甲弹试验，即后来的 M774 式穿甲弹。然后是拥有更长弹体的 M833 式穿甲弹。美国的 105 毫米坦克炮是第一批使用贫铀弹的坦克炮，与竞争者相比，其使用的新型穿甲材料带来了穿甲性能上的显著优势。詹姆斯·洛根在项目管理办公室主要负责的是坦克弹药：

碎甲弹（HESH）虽然仍在测试当中，但真正的多用途坦克弹药已经崭露头角。

M735 式穿甲弹最早于 1972 年开始研发，它是第一种 105 毫米口径的尾翼稳定脱壳穿甲弹。

许多人都认为，105 毫米的坦克炮可以匹敌甚至优于德国和英国的 120 毫米滑膛炮——这是通过三次对比测试得出的结论。在第一次有三方参加的比赛中，我们使用 M735 式穿甲弹对抗德英两国的 120 毫米滑膛炮，我们的单发射弹散布和弹丸贯穿目标的威力都远胜于他们。

这一次三方比赛大概是在 1974 年到 1975 年。第二次三方比赛发生在 1976 年年底到 1977 年年初。这一次我们使用的是 M774 式贫铀穿甲弹，这次我们也赢了。我作为负责人参加了最后一次也就是第三次比试，这一次我们使用了 M833 式贫铀穿甲弹，再次取得了胜利。

美国陆军于 1978—1979 财年部署了尾翼稳定脱壳穿甲弹，并于次年开始接收 M1。

M1 的主炮身管安装在火炮后膛与炮口基准传感器（MRS）的准直器之间。身管由约 4.8 毫米厚的铝制成，其末端带有铆接配件，炮管总重量约为 14.06 千克。

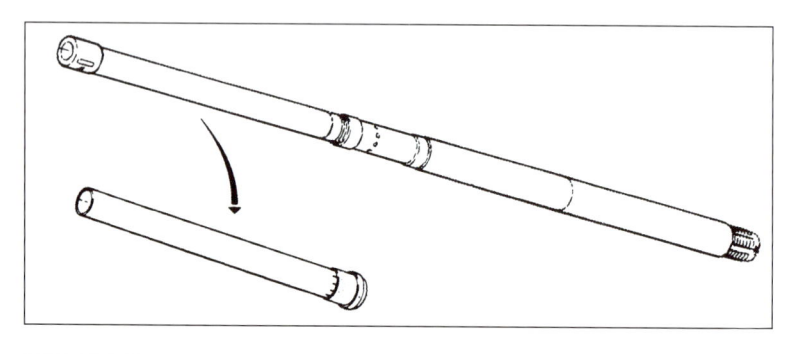

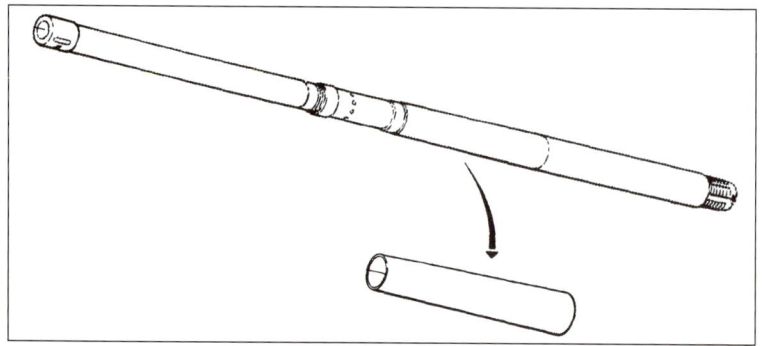

## 120 毫米坦克炮

美国人在研发 XM-1 坦克时，就为升级 120 毫米火炮预留了安装接口。当时，美国面临的选择主要有两个：一个是英国的 L11 式 120 毫米坦克炮，这款坦克炮在"酋长"坦克和 1983 年列装的"挑战者"2 型坦克上装备；一个是德国的 120 毫米滑膛炮，这款坦克炮自 1973 年以来就已经在"豹"2 坦克的大部分样车上开始装备。詹姆斯·洛根对于坦克炮和弹药有着较深入的研究，他说道：

据我所知，除了将其作为一种潜在的改进产品，工作小组从来没有认真考虑过要采用德国的火炮和弹药，这主要因为在我们接手启动 XM-1 项目之时，国会给陆军下达了严格的发展时间表。

从 105 毫米坦克炮换装到 120 毫米坦克炮，中间过程非常曲折。北方佬对滑膛炮有一种天生的偏见，这有点像 18 世纪时"毛瑟"步枪遇到了"肯塔基"步枪。我一直都认为是我在陆军战斗发展司令部当 XM-1 项目负责人的时候解决了这个问题。当时威廉·德索布里将军组织了一次装甲专业研讨会讨论此事，我也受邀参会，我猜他们可能是想让我闭嘴。房间里除了我，再没有滑膛炮的支持者，从大家的发言可以感觉到，远程射击精度似乎是滑膛炮不被

下 1 图 靠近炮口或炮管前端的炮管安装管组件（美国国防部供图）

下 2 图 炮管中部的炮管安装管（美国国防部供图）

接受的主要症结所在。当时我是这样说的："现在装备的 105 毫米 M456 式破甲弹采用的是尾翼稳定结构，而当时刚刚进入开发阶段 M735 式穿甲弹也是尾翼稳定结构。在我看来，我们的坦克炮显然已经进入了事实上的滑膛炮体系。"所有参会的人齐刷刷地看着我，我就不再说话了。但我知道，我是对的。

鉴于弹药方面的技术优势，美国人可以在德国火炮的基础上研发配套弹药，甚至直接研发自己的 120 毫米滑膛炮。

事实上，我本人作为项目办公室工程师、弹道研究实验室（BRL）分析师、皮卡汀尼兵工厂（Picatinny）武器研发与工程中心和沃特弗里特兵工厂（Watervliet，位于纽约州北部）贝尼特实验室的工程师，在 1972 年 5 月到 6 月期间曾前往德国亲眼看到了火炮的试射。那次正好是 MBT 项目工作组开会期间，我们的任务是对德国火炮项目的状态进行评估。德国人急于向我们展示火炮和动能弹药（KE）的弹道性能，却很少让我们亲手检查动能弹。他们在实际装弹前会用毯子把弹药盖住，这样我们就看不到弹药的细节。这时，美国人的聪明才智发挥了作用。每次射击结束，德国工程师会允许我们与他们一起返回驻地，并在途中要求我们帮助回收被丢弃的弹托，我们对于这一要求实在太高兴了。弹道研究实验室和皮卡汀尼兵工厂的人都带了卡尺，到了一天结束的时候，我们对德国人设计的弹托有了更深入细致的了解，其中包括了支撑槽的数量，以及穿甲弹的直径。我们的人还得出结论，这可能是一种两件式穿甲弹。就我而言，我发现了一块穿甲弹的碎片，它在与目标碰撞的过程中断裂了。

我们对火炮和弹药的性能都印象深刻，皮卡汀尼兵工厂的工程师拉尔夫·坎波利（Ralph Campoli）询问德国火炮项目负责人这一目标是如何实现的。负责人回答说这是他们的专有技术。拉尔夫又追问："这就是我想知道的。是怎么……"

恩特·沃尔特·拉伯格（Enter Walter LaBerge，1977 年 7 月起担任国防部负责国际项目的副秘书长）回忆说，当时美国正试图向德国人出售空中预警与控制系统（AWACS）。对他来说，关于火炮的决定只是为了给德国人一个甜头。他认为我们可以将技术应用到德国的火炮上。你可能会说，我们是被强拉硬拽地做了换装 120 毫米坦克炮的决定。但是，就像当初决定将这型坦克命名为"艾布拉姆斯"一样，我认为这是完全正确的选择。

1978 年 2 月 4 日，美国陆军部长克利福德·亚历山大（Clifford Alexander）建议美国陆军在 XM-1 坦克上安装德国的 120 毫米火炮，并全部在美国生产。他告诉媒体，从比测试验的结果来看，英国和德国的火炮性能不相上下。这次选中德国火炮，"因为德国拥有更加庞大的坦克部队，而'酋长'的坦克炮和新的英国武器之间缺乏互通性"。

根据媒体报道，现有的 105 毫米坦克炮将足以满足美国陆军对坦克的"近期要求"，只有这样才能"尽快"部署 XM-1 坦克。而 120 毫米坦克炮则在"对抗苏联装甲力量发展上"提供了"更强大的潜在战斗力"。美国陆军希望在 1981 年末解决坦克炮及其弹药的研发问题，并于 1984 年在 M1 上换装 120 毫米坦克炮。其配套弹药包括钨合金穿甲弹（在当时被称为动能弹或 KE 弹）和破甲弹（HEAT）。同时，美国陆军也已经在计划开发一种贫铀弹。

当时，美国陆军部长拒绝向媒体透露即将装备 120 毫米坦克炮的 XM-1 坦克的数量。考虑到德国人早在 10 多年前就已经开始使用这种坦克炮了，如何解决这个时间差带来的问题，从官方新闻发言人的通稿中可以看出一二：

当进入最后的研发阶段时，美国陆军必须调整它的炮塔，在设计上做出一些改变，并开发新的弹药。此外还需要安装新的炮架，对火控和炮塔驱动装置进行适应性改进。设计必须根据美国的制造工艺和维护技术进行改进，以提高在美国的生产和维护效率。特别是要关

右图 在利马陆军坦克工厂，120毫米主炮身管正准备吊起安装到M1A2炮塔上（美国国防部供图）

右图 M1A2 SEP中的120毫米主炮的炮膛处于关闭位置，图中是便于炮弹入膛的引弹槽（美国国防部供图）

下图 一辆M1A2上处于打开状态的120毫米主炮的炮膛（美国国防部供图）

注坦克炮的炮膛部分。我们目前的弹药家族仅包括破甲弹和动能穿甲弹，不包括美军所需的训练弹和其他弹药。此外，陆军还将进一步测试无壳弹和某些先进新概念弹药。

此时，政府估计将向莱茵金属公司支付140万美元的工业咨询费，以及500万美元的火炮和弹药在美国生产的补偿费，加上美国生产成本的3%，合计2500万美元。为期10年，即从第一辆XM-1坦克装配120毫米坦克炮开始。莱茵金属公司将有权获得美国对外国销售坦克收入的5%，12年内最高限额2500万美元。政府估计，装有120毫米火炮的XM-1坦克每辆的成本将增加16 000美元，全寿命周期成本将增加2%~6%。

尽管美国陆军部希望在1984年之前就得到安装120毫米主炮的坦克，但M1A1直到1986年才服役。采购的理由是与北约盟国的装备通用，并承诺坦克弹药可以适配，此外还考虑到了火炮身管和后膛互换性问题。但事实上除了弹药，永远不会实现装备部件的互换。美国版本的坦克炮编号M-256，它比莱茵金属公司生产的火炮组件更少。

左图 伊拉克军队装备的这辆法国造 AMX-10P 人员运输车（PC）被 1 枚 120 毫米贫铀穿甲弹（弹托）击中，由此引发的爆炸炸毁了装甲车后侧舱门和顶部舱门，成员舱被严重烧毁，车体外部涂装一片狼藉（格雷格·沃尔顿供图）

左图 这是车体左侧穿孔的特写（与上一张照片所示的一侧相对），穿甲弹似乎是以一个倾斜的角度从左向右射入。当长杆式弹芯穿透装甲时，其尾翼在破碎解体前划破了车体的外部装甲（格雷格·沃尔顿供图）

美国人最初特意为莱茵金属公司的火炮采购了德国弹药，但到了 20 世纪 80 年代后期，他们开始购买美国生产的带有贫铀弹芯的 M829 式尾翼稳定脱壳穿甲弹，并于 1991 年 2 月在科威特和伊拉克的地面作战中首次用于实战。2016 年，美国陆军开始使用第五代改进型

左图 1991 年，美国主导的海湾战争期间，一辆 T55 坦克被 1 枚 120 毫米尾翼稳定脱壳穿甲弹击中后烧毁。大火过后仅仅几天，坦克外部的钢材由于失去了涂装保护，已经明显开始生锈了（格雷格·沃尔顿供图）

71

第二章 杀伤力：从武器系统的配置到坦克炮

左图 1991 年 2 月，一辆位于坦克掩体护坡后的 T72 坦克被美军第 1 装甲师击毁，这意味着 1 枚 120 毫米穿甲弹在击穿整个掩体后，又穿透了炮塔和发动机舱（格雷格·沃尔顿供图）

左图 这辆 T72 坦克遭受了更具毁灭性的打击。120 毫米尾翼稳定脱壳穿甲弹使整个发动机离开了机舱。由于车载弹药的二次爆炸，炮塔与车体分离，身首异处（格雷格·沃尔顿供图）

M829A4，采用了新型复合材料弹托和更强大、作用时间更长的推进剂和可燃药筒。

## 未来主要武器

1978 年，时任美国陆军部长克利福德·亚历山大宣布选用 120 毫米主炮时，他预计这种新型火炮将确保 M1 坦克在"2000 年以后"仍能继续服役。时至今日，这种火炮已经在 M1 坦克上装备近 30 年。可以肯定，如果美国要研发一种新型坦克，或者再次升级 M1 坦克，其装备的一定是更加强大的火炮，而不仅仅对弹药进行改进。

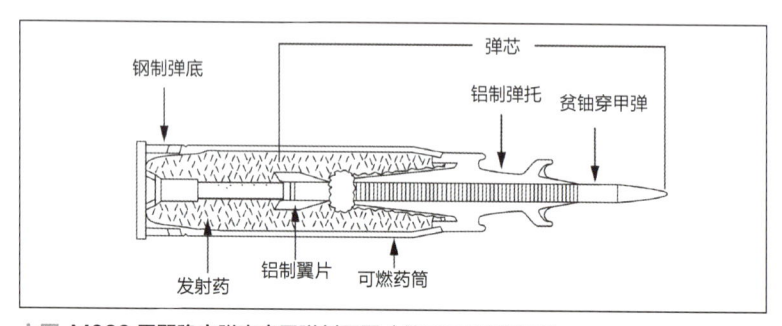

上图 M829 尾翼稳定脱壳穿甲弹剖面图（美国国防部供图）

下图 M830 高爆反坦克弹剖面图（美国国防部供图）

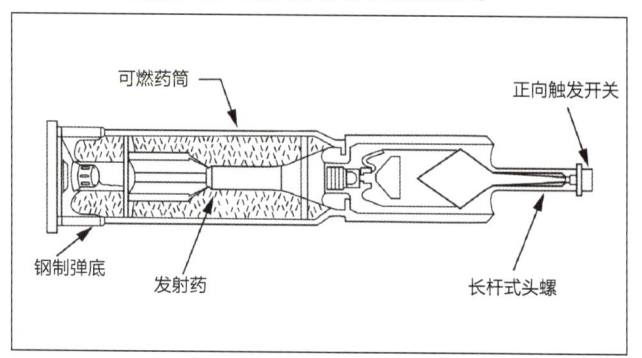

下图 M830A1 多功能破甲弹剖面图（美国国防部供图）

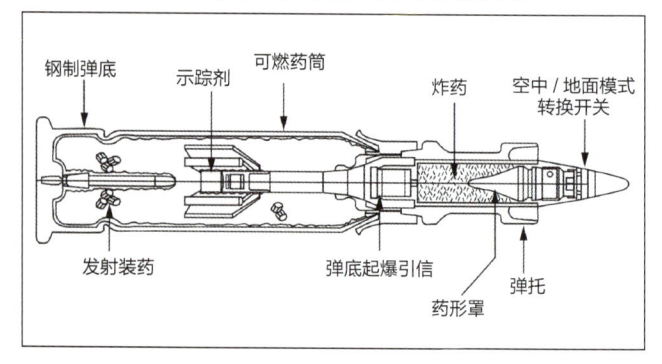

### 120 毫米 L55 型坦克炮

20 世纪 90 年代，德国莱茵金属公司在其最初的 L44 型 120 毫米主炮基础上推出了拥有更长身管的 L55 型 120 毫米主炮。尽管 L55 型主炮的炮身更长（L55 型身管长 6.6 米，55 倍口径；L44 型身管长 5.28 米，44 倍口径），并且整个主炮系统更重（L55 型重 4160 千克，L44 型重 3780 千克），但是 L55 型主炮可以在任何已经装备 L44 型主炮的坦克上进行改装。L55 型主炮的有效射程提高了约 1500 米，并且可以发射威力更大的炮弹。尽管 M1 最终没有订购该坦克炮，但必要时也可以将其安装在 M1 坦克系列型号上。

### 130 毫米 L51 型坦克炮

2015 年 11 月，莱茵金属公司宣布将开发 L55 型 120 毫米主炮的 130 毫米版本。2016 年 6 月，该公司展示了 130 毫米的滑膛坦克炮，总重 3000 千克，仅炮管重量达 1400 千克。作为一种试验型坦克主炮，只安装了炮管热保护套和炮口基准自动补偿装置，而没有安装膛口制退器。莱茵金属公司专门为这型主炮研发了一种 130 毫米口径的钨合金尾翼稳定脱壳穿甲弹，带有新型推进剂和半可燃药筒，同时还探索研发了 120 毫米高爆空爆弹（HEABM）的 130 毫米口径版本。

### 140 毫米坦克炮

1992 年，英国、美国、德国、法国政府都很认可发射普通弹药的 140 毫米滑膛炮，并且都采购了试验样炮，但都未真正部署过这种口径的坦克炮。

140 毫米主炮提供的杀伤威力是目前 120 毫米主炮的 2 倍以上。140 毫米主炮比 120 毫米主炮至少增加 500 千克。装有 140 毫米主炮、内部携带与现在火炮相同弹药基数的特制坦克，战斗全重约 100 吨。即使未来研发出的轻型推进剂能减轻一定的重量，这些弹药也需要一个自动装弹机，而且相同的坦克，容纳的 140 毫米弹药将是 120 毫米弹药量的一半。

俄罗斯在 2015 年亮相的 T14 坦克，装备了 125 毫米滑膛炮，从结构上判断，明显具备升级至 140 毫米主炮的能力，这在一定程度上增加了美国坦克换装同等火力主炮的紧迫性。一名不愿透露姓名的美国官员随后对记者表示，他们正在考虑再次使用 140 毫米主炮。

上 1 图 这辆伊拉克军队的苏制 MT-LB 多用途装甲运输车被一枚高爆反坦克炮弹击中车体后部，爆炸造成的破坏表明这种弹药对轻型装甲车具有很强的杀伤性（格雷格·沃尔顿供图）

上 2 图 这辆伊拉克卡车遭到高爆反坦克炮弹袭击，发动机和驾驶室被炸毁（格雷格·沃尔顿供图）

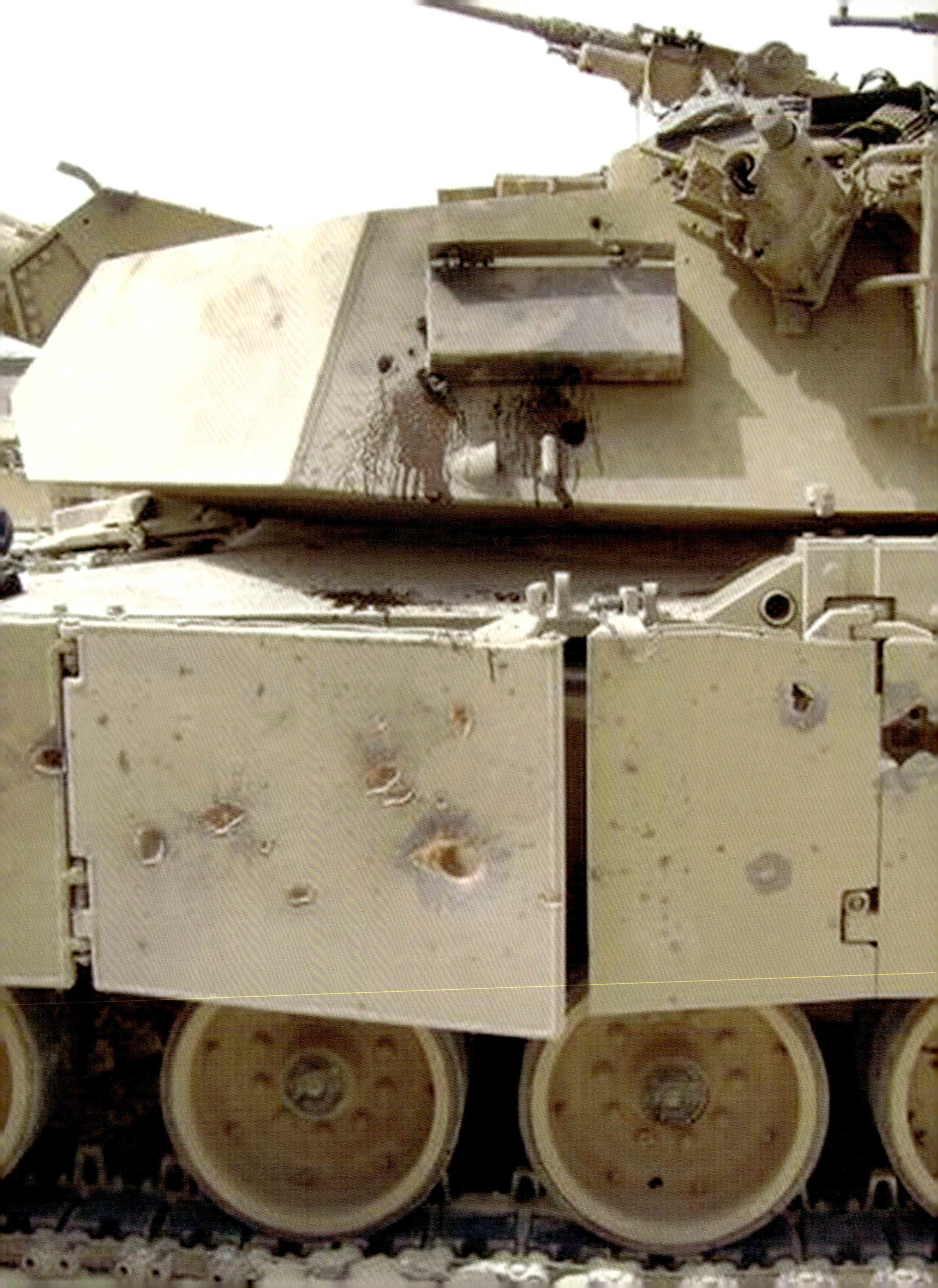

第三章

# 战场生存能力：装甲、防护和隐身性能

M1 艾布拉姆斯主战坦克是世界上最具战场生存能力的坦克，车身低矮，采用稀有复合材料，燃油系统巧妙地融入防护设计，拥有防火、泄压和灭火抑爆系统，紧急情况下车组成员易于逃生，还配有专门的敌我识别系统。

**插图** 2007 年左右，一辆 M1A1 在伊拉克被几枚碎甲弹击中。炮塔周围的层压装甲和正面层压护板起到了很好的防护效果，但更靠后的钢制护板却被击穿。射弹上的金属铜熔化后，在车体上留下了红褐色的痕迹，铜是大多数碎甲弹使用的材料（匿名）

上图 这是一辆拆解完毕的 M1 坦克车体。在车体上能看到的所有装甲都是由轧压均质装甲钢板焊接而成的，这与第二次世界大战期间使用的装甲没什么不同。特别的层压装甲可能仅用于车首、炮塔的正面和侧面与侧裙板（匿名）

左下图 2003 年 8 月 28 日，一辆隶属于第 1 装甲师第 70 装甲团 2 营的 M1A1 在伊拉克被 RPG 火箭筒击中。反坦克榴弹击穿侧裙板、车体侧面、炮塔座舱和液压油箱，然后反弹到炮长的座椅和炮长防弹衣上，最后留在了车体的另一侧。这是自 2003 年 3 月进入伊拉克以来，美军遭遇的第二次坦克丧失机动性的袭击（匿名）

右下图 从最前面侧裙板的特写可以看到层压装甲的两层：外层是钢，内层是某种复合材料。尽管被击中但是没有出现灾难性的开裂，外层钢板被射穿，内层复合材料虽然也被部分射入但未完全洞穿（匿名）

## 装甲防护

M1 坦克的装甲可能由硬化钢外层、硬度更高的陶瓷夹层和低碳钢内衬组成。后来的坦克版本中外层装甲可能采用了更多性能特别的材料，下面逐一进行介绍。

### 陶瓷装甲

20 世纪 50 年代，美国和英国在寻找更新型的坦克防护材料时，将注意力转向诸如碳化硅、二硼化钛和碳化硼等陶瓷材料。这些材料与之前常用的装甲材料相比，硬度非常高。最坚硬的铝合金装甲的维氏硬度约为 150，轧制均质装甲钢板 (RHA) 为 380，高硬度钢 (HHS) 为 550，双硬度钢的表面维氏硬度 750，氧化铝维氏硬度 1700，而碳化硅的维氏硬度可达 2500，二硼化钛为 2700，碳化硼为 3000，不过对于车辆来说后两种材料过于昂贵。装甲车辆使用的几乎所有陶瓷装甲都是碳化硅材质，碳化硅的硬度是高硬度钢的 4 倍以上。

坚硬的陶瓷可以抵御由较软材料制成的炮弹，但陶瓷很脆。如果射弹有足够的能量，陶瓷也可能在直接撞击下变得粉碎。所以，通常陶瓷材料都会在外部使用更坚硬的层压板来增强韧性。例如，对于乔巴姆装甲而言，其陶瓷材料外部为高硬度装甲钢。在同等重量条件下，外层为钢板的陶瓷装甲对破甲弹的抗弹能力较均质装甲提高了 2.5 ~ 3.5 倍。这种复合装甲

大多数情况下分布在炮塔的前部和侧面、坦克车体前端，以及前方的履带护板（最后方的裙板是钢制的）。

## 贫铀装甲

从1988年10月开始，M1A1内层装甲使用了高密度贫铀合金材料。装备了贫铀装甲的M1A1称为"重型装甲"M1A1 HA。到1989年为止，所有部署到德国的M1A1都装备了贫铀装甲，最终所有M1A1都升级了相同的装甲材料。所有的M1A2都是从出厂就安装了贫铀装甲层。M1A1 HA和M1A2是目前已知的唯一安装贫铀装甲的坦克。衰变铀的密度约为钢的2.4倍，但其具有化学毒性和轻微放射性，正常情况下对乘员危害不大。一旦遭受穿甲弹攻击，贫铀装甲会产生大量的贫铀粉尘，对人体造成严重伤害。因此，贫铀装甲最好置于两层钢板之间，而且不能用作乘员舱的防裂层。

## 金属铅

铅是一种密度很高的金属，它的密度没有贫铀那么大，但却被广泛地用作防裂内层。虽然铅的化学毒性和贫铀不相上下，但它没有放射性。铅可能是M1坦克装甲的防裂内层的材料，它与最内层的层压装甲之间留有空隙，可有效防止内层剥离。

## 钨合金装甲

钨是目前可用的最硬的金属，可以在只有钢的50%的重量下，提供相同硬度钨合金的密度大约是钢的2.15倍。M1坦克主要在车体顶部等装甲较薄的位置使用了钨合金材料。

## 反应装甲

反应装甲是通过爆炸形成的冲击波或破片来干扰破甲弹产生的高速金属射流。惰性材料通常夹在金属薄板之间，不过它们中间还隔着惰性炸药层。反应装甲主要用于防御聚能装药的反坦克导弹，对动能弹的防御效果不佳。反应装甲对聚能装药弹的防护效果随着攻角的变化而有很大差异。事实上，反应装甲必须斜向炮弹来袭方向，并且与主体装甲之间保持一定距离。

美国人在20世纪80年代曾计划为"布莱德利"步兵战车加装反应装甲套件，但由于担心对友军的危害，到2003年伊拉克战争时才部署。美国人为应对进入伊拉克后的阻碍，给M1坦克购买的城市生存能力套件中就包括带反应装甲的侧裙板。

## 格栅装甲

第二次世界大战后，苏联的单兵反坦克武器中最常见的是早期的RPG7，当RPG7打到了两根格栅之间时，会导致战斗部无法正常起爆。1966年，越战期间，美国海军内河巡逻艇配备了格栅装甲，其格栅间距比RPG7锥形弹体前部稍宽，但比其后部窄。当弹体穿过两根钢条时，金属格栅条会切入弹体的外壳，使其内外锥罩之间形成短路。引信的压电信号无法传到后端电雷管，导致瞎火。有大约30%的RPG7在命中格栅装甲后还会发生爆炸，但无论如何，至少起爆位置会稍稍远离车辆的主体装甲。

自从2001年阿富汗战争和2003年伊拉克战争以来，大多数"联军"装甲车都在其两侧安装了格栅装甲，以应对日益增加的单兵反

上图 120毫米主炮的特写镜头提醒人们，坦克的某些关键部件是没有装甲防护的。射弹在热护套上造成了穿孔，但没有打穿炮管，受损的火炮身管在没有接受维修之前发射炮弹是非常不安全的（美国国防部供图）

**上图** 一名坦克修理工将中间的两块侧裙板向外掀开，对底盘部分进行检修（美国国防部供图）

**右图** 前裙撑的3/4视图（美国国防部供图）

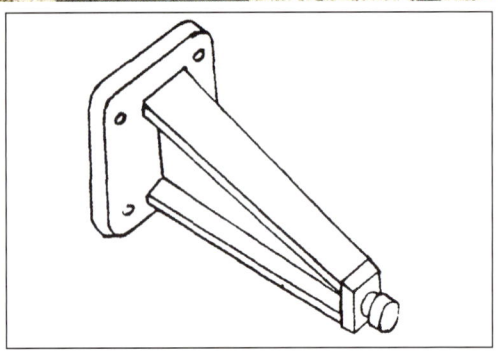

坦克火箭弹的威胁。美国和英国的主战坦克在其后部和侧面都装备了格栅装甲，而在坦克前部则加装复合装甲或爆炸反应装甲，以提高整体防护能力。

### 电子对抗装置

电子对抗装置（ECM）可以干扰并威胁敌方传感器或指挥控制系统。在2001年开始的阿富汗行动和2003年开始的伊拉克行动中，"联军"车辆都升级了电子对抗装置，以干扰用于引爆路边炸弹的无线电信号。在M1系列坦克上，通常在炮塔后部可以看到一个短的立柱，这就是电子对抗装置。

### 裙板

坦克传动装置的上半部分通常被7块侧裙板遮盖，这些侧裙板在坦克运动时向外摆动以便通行（在M1坦克上，最后一块裙板挡住了主动轮，并略微向外以方便坦克行走，但是在之后的型号上，这块裙板被直接取下）。前裙板通过支架支撑，每个支架重约17.24千克，均由6块装甲钢板组装焊接成类似锥形工字梁的形状。梁的大端用螺栓固定在车体上，从垂直角度沿车体一侧向外突出。梁的小端有定位凸起，与前裙板内表面的锁定结构配合，可限制前裙板在垂直方向上的运动。

## 灭火抑爆装置

M1坦克的车体底板经过优化，采用了比装甲钢板更有韧性的低碳钢板，以防来自地面的爆炸冲击。整体来讲，M1坦克没有特意针对地面爆炸进行防护优化，其防护重点是车首和炮塔正面等最易受攻击的部位，而且采用的都是高强度、低韧性的材料。正面与侧面都有一定的倾斜角度来增加防护能力，车身

**左图** 从接下来的这几张照片可以看出，只要对方可以制造威力足够大的爆炸装置，并在坦克下方进行引爆，即使是对于重达70吨的主战坦克来说，也可以造成骇人的破坏。这辆已经被摧毁的M1A2 SEP编号"A33"，隶属于第67装甲团3营。来自外部的爆炸损坏了坦克一半的行动装置。坦克内部的二次爆炸将炮塔整个掀了下来，飞出很远。在照片的右下方，可以看到炮塔后部的一个角。照片中央是装甲裙板的一部分，它和炮塔一起被炸飞，躺在路边（匿名）

左图 A33 的特写镜头显示，战斗室因内部爆炸而被炸毁。除此之外，发动机舱和外部装甲似乎在爆炸中幸存了下来（匿名）

右图 这是 A33 的炮塔，炮塔上下颠倒，顶部装甲和各种小型设备的碎片散落在四周。一辆 M88 装甲抢修车将炮塔吊起收回（匿名）

左下图 从收回的 A33 坦克炮塔可以看出，其内部复杂的系统已经遭到了彻底的损毁。主炮已从其安装装置上移开，并被扭转成了一个非常奇特的角度（匿名）

右下图 收回后的炮塔特写镜头显示，炮塔内部所有部件均已严重损坏，无法修复（匿名）

第三章 战场生存能力：装甲、防护和隐身性能

右图 这辆伊拉克军队的M1A1 SA被纵火后炮塔内部燃起了熊熊大火。泄压板打开后，火苗蹿了出来。燃烧产生的烟雾从坦克炮口喷出，说明主炮的炮膛已经打开（匿名）

右图 手动灭火器和阀门部件分解图（美国国防部供图）

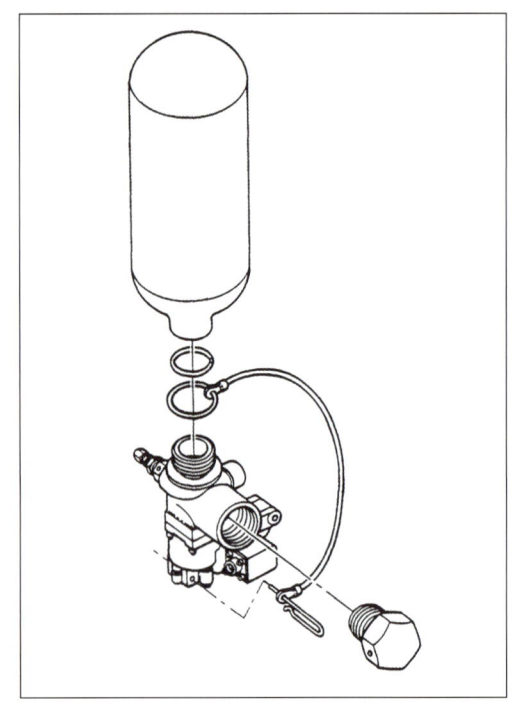

下图 从坦克组装过程拍摄的照片中，可以看到安装在发动机舱壁上的灭火器，它位于战斗室左侧角落（美国国防部供图）

低矮，受弹面积小，便于隐蔽机动，提高战场生存能力。相比之下，防地雷反伏击车的离地高度更高，在车底采用了明显的V形导流结构，当遭遇简易爆炸装置袭击时，爆炸产生的冲击波和碎片能通过车底的V形导流板向车身两侧分流。

坦克炮弹大部分存放在炮塔后部带有滑动装甲门的装甲隔舱中。当装填手需要装填新一发弹药时，装甲门可根据需要打开，并可以自动关闭。弹药存放舱内的弹药发生殉爆，主弹药舱顶部的泄压板会首先打开，确保弹药舱内的爆炸不会直接波及乘员舱。

坦克发动机燃油装在驾驶员前方和两侧的几个独立装甲隔间中。

发动机舱内存有部分燃油和一个大的润滑油储油罐。驱动炮塔转动所需的液压油非常易燃，机油箱和油泵位于炮塔座圈的底部。

M1的发动机舱装有自动灭火系统，当7个双光学/红外传感器中的任何一个被触发时，该系统会释放"哈龙"1301气体（卤代烷），响应时间少于2毫秒。

乘员舱设有3个铝制的手动灭火器，在约12.4兆帕的压差（相对于大气的压强差）下，装有3.343升的液态"哈龙"1301。

### 散落满地的弹药和燃油（威廉·墨菲）

M1坦克脆弱的弹药存储系统给我的军旅生涯留下了一次惊心动魄的难忘经历。当时我乘坐坦克从一座桥上驶离时发生了侧翻，主弹药舱的装甲门打开了，一些弹药弹了出来。于是，我们发现，除了被困在了混乱的通信线路和设备中，更糟糕的是，我们的脸正对着七八发炮弹。这时坦克发动机还在运转，燃油箱爆裂，燃油浸漫了整个发动机舱。我们立刻关闭了发动机，切断坦克电源，然后花了足足半个多小时才从杂乱的电线中解脱出来。

## 隐身能力

### 释放烟雾

M1坦克设有2套独立的烟幕释放系统：烟幕发生器系统和烟幕弹发射器系统。

烟幕发生器系统在坦克排气系统内运行。当发动机处于运转状态时，首先将燃料直接喷到排气管上，使燃料快速雾化，在坦克后部形成大面积的烟雾云团。烟幕发生器由驾驶员操作。烟幕发生器仅适用于柴油和其他燃油，如果坦克发动机使用的是航空煤油(JP4)或汽油，打开烟幕发生器将导致火灾甚至发生爆炸。此外，汽化的燃油烟雾会严重刺激眼睛、皮肤和呼吸道，因此建议车组人员在没有额外个人防护的情况下在烟雾云中停留时间不要超过5分钟。需要注意的是，如果坦克带着烟雾云团向敌人方向移动，反而会增加自身暴露的风险。

右图 1991年3月，在韩国原州附近举行的韩美两国"团队精神"联合军事演习中，一辆来自第72装甲团1营B连1排的坦克发射烟幕弹进行战术隐蔽。这辆M1坦克上贴有向盟友飞机标明友军身份的橙色面板（威廉·J.墨菲供图）

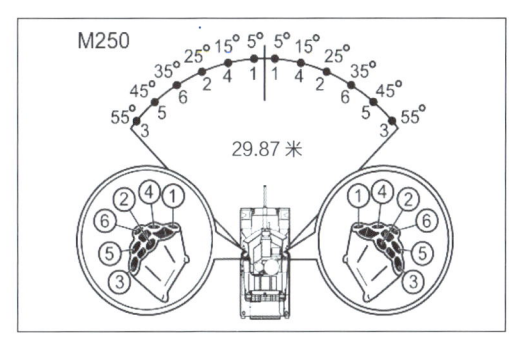

上图 在这辆美国陆军的M1A2上可以看到一个M250烟幕弹发射器，其上装有4枚M82烟幕弹（美国国防部供图）

左图 这张图片介绍了美国陆军坦克上M250烟幕发射器发射的所有12枚烟幕弹理论上的散布情况（美国国防部供图）

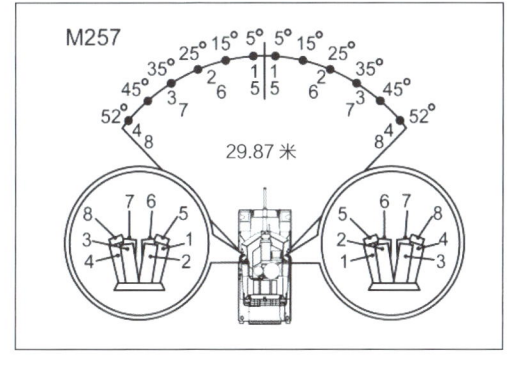

左图 这张图片则是美国海军陆战队坦克上M257烟幕弹发射器发射的所有16枚烟幕弹理论上的散布情况（美国国防部供图）

第三章 战场生存能力：装甲、防护和隐身性能

## 在沙漠风暴行动中如何识别友军
（格雷格·沃尔顿）

在整个沙漠战场上，所有部队最担心的就是遭到友军炮火的袭击。一般在炮塔顶部覆盖上橙色荧光织物，并把炮塔后部的置物架涂上橙色。在坦克两侧加上了巨大的 V 形标志，以标明"联军"身份。尽管如此，在一些能见度较低的场合，除了坦克的轮廓，仍然看不见其他的敌我识别（IFF）信息。

通过制作一个简易热红外标记，这样就可以用热像仪识别出友军身份。连队已经接到上级命令，要求在向敌方推进过程中切断前照灯。将前照灯上一个灯泡拆下来，粘在一个涂有黑色油漆的饮料罐内，用两根伪装网撑杆将其放置在炮塔上方约 2 米处。前照灯灯泡与坦克照明电路相连，可根据需要打开和关闭。再用胶带把这个装置绑得很紧，这样就不会有光线外泄，而灯泡能很快把饮料罐加热，在罐子上形成了一个红外热源。

实际测试证明这一招确实很实用。利用坦克的热成像夜瞄系统（TIS），炮手可以很容易地通过他们上方的红外光点来识别友军坦克。

上图 1991 年 2 月海湾战争期间，一列 M1A1 成纵队向前开进。该部队的 M1A1 均采用简易的敌我识别装置（IFF）——在炮塔左后侧用长杆撑起的一个黑色密封外壳里装了一盏灯，其他美军坦克的热成像瞄准具就能观察到它的热辐射（格雷格·沃尔顿供图）

下图 2006 年 5 月 17 日，在伊拉克塔拉法尔附近，这辆美国陆军的 M1A1 外部尽管已经被尘土掩盖，但是仍然能够看到它采用的三色伪装涂装（绿色、棕色、黄色的轮廓）。这辆坦克隶属于第 1 装甲师第 1 旅战斗队（BCT），以古希腊火与工匠之神的名字命名为"赫菲斯托斯"（美国国防部供图）

**上图** 从另一个角度拍摄的"赫菲斯托斯"号,它的车体后部涂成黄色。炮塔后部中央的简易标记板上的数字是 30,其右侧是一个被击破了的敌我识别贴片。装填手的射击位已升级了装填手装甲护盾,但是车长的射击位还没有升级(美国国防部供图)

**左图** 2003 年,这辆 M1A1 坦克在伊拉克首都巴格达碾碎了停在路边的一辆汽车。注意一下位于主炮两侧的敌我识别贴片。每个炮塔均配置有 5 个敌我识别贴片:炮塔正面 2 个,炮塔的背面和每个侧面各有 1 个。这些贴片是经过精心设计的,它提供的红外信号与背景装甲不同,从而能被友军的热像仪观察识别。这种贴片只有一侧可以发出红外信号,如果想隐藏信号,只需将它翻转,另一侧会显示"此面无效"字样(美国国防部供图)

**右图** 2009 年 10 月 14 日,在埃及亚历山大附近的联合作战实兵训练中,美国海军陆战队第 22 远征部队第 2 游骑兵团 3 营登陆队 1 连的一辆 M1A1 正在穿越实弹射击区域。炮塔的侧面就是敌我识别贴片(美国国防部供图)

83

第三章 战场生存能力:装甲、防护和隐身性能

烟幕榴弹发射器系统由2个发射装置组成，炮塔左右两侧各1个，沿中心线向外大约45°排列。美国陆军的M250烟幕弹发射器最多可容纳6枚烟幕弹，海军陆战队的M257烟幕弹发射器可携带8枚烟幕弹。通过车长面板可以选择一次发射部分或全部榴弹。发射的榴弹会在距坦克约30米处产生化学烟雾云团，可以对红外和可见光探测器产生一定程度的干扰。

## 敌我识别装置

敌我识别装置（IFF）旨在帮助部队在作战行动中，对友军武器平台进行身份识别。最初应用于第二次世界大战期间，在飞机上使用雷达和无线电信号进行身份确认，几十年后敌我识别装置开始在地面装备上使用，主要依靠热信号来辨别身份。到20世纪90年

## 坦克车体标识命名规则

虽然通常每个美国军事单位都有权使用自己部队的标记，但大多数单位都会选择使用较为类似的标记和名称。传统上，坦克在车体前后都会标有单位标识符。例如，第1装甲师第70装甲团2营的一辆坦克在左边的标记是"1Δ2-70AR"。下级单位标识符将标记在车体前后的右侧位置，如"D 11"，代表D连1排的第一辆坦克（排长乘坐的坦克）。

**上图** 这张M1A1的侧视图展示了20世纪八九十年代在欧洲的美国陆军装甲战车（AFV）标准迷彩方案。这辆坦克是1990年从德国运来供英国测试试用的（坦克博物馆供图）

**左图** 这是美国海军陆战队第5战斗团的一辆M1A2，从这个角度能够清楚地看到该坦克采用了复杂的迷彩喷涂方案。注意炮塔侧面和正面的黄色敌我识别贴片，以及背面的橙色地对空敌我识别贴片。2003年3月19日，在进入伊拉克行动的前一天，这些装甲车辆正在穿越科威特（美国国防部供图）

**左图** 这辆M1A1车体正面的部队标记清晰可见。其中，"1CAV3-67 △"表示第1骑兵师第67装甲团第3营。"C 31"表示C连3排的第一辆坦克（排长乘坐）。"TA 36"表示该坦克来自第一次海湾战争后留在科威特的预置部队（帕特里克·科恩供图）

代末，M1A2 和同时期的其他装甲车通过车际信息系统（IVIS），都使用加密的无线电信号，自动进行身份识别。到了 21 世纪，美国军方推出了一种名为"蓝军追踪系统"的数字技术，可以在数字地图上跟踪车辆的身份和位置信息。

## 伪装和车体标识

第一次海湾战争期间，美国陆军大部分车辆都采用了沙漠黄涂装。许多部队允许车组人员将坦克的名字喷在主炮的炮管上。对坦克的命名有两个要求：一是要求政治正确；二是名字的第一个字母要与它所属连队保持一致。例如，当时一辆隶属于第 1 装甲师第 70 装甲团 2 营 D 连的坦克就被命名为"拼命寻找萨达姆（Desperately Seeking Saddam）"。

在冷战期间，一般会在炮塔后部涂有标识符号。例如，在前面提到的同一辆坦克上会有一个大的面板，上方标有数字"64"（表示某师的 6 营 4 连或 D 连），数字上面的 V 形符号尖端在上代表 1 排；V 形符号的尖端在右代表 2 排；尖端在下代表 3 排；尖端在左边代表 4 排。在数字的两边分别画了一个向左，一个向右的 V 形符号则代表是指挥车。

**上图** 为了在交战中实现敌我识别，避免友军误伤，在 1991 年海湾战争期间，这辆 M1A1 将炮塔上的 3 个储物箱涂成橙色，另一个箱子上则有一个黑色的倒 V 字形装饰。而随着作战进程的推进，美军对坦克上的敌我识别标识做出一些调整。将一块醒目的橙色织物面板"VS-17"固定在炮塔顶部，向友军飞机标明身份。炮塔上的储物箱中间标有数字 64，上方有一个倒 V 形符号——代表这辆坦克隶属于该师第 6 营 4 连 1 排。坦克的侧裙板上则标有大号的倒 V 形，表示是"联军"的车辆；数字 4 上方画有较小的 V 形，表示 D 连 1 排（格雷格·沃尔顿供图）

**下图** 1991 年 1 月，在沙特阿拉伯的"沙漠盾牌"行动中，格雷格·沃尔顿的战友为他们乘坐的 M1A1（D11）起的绰号为"目标未知"。1991 年 2 月，在美军位于加西亚的前方集结区域，他们在得知"沙漠风暴行动"最终计划后，对车身上的文字做了小小的修改。营长要求他们恢复原样。恰巧在这时，该旅指挥官在检查中，看到了车身上的文字并对修改表示赞同，于是这一修改就被保留了下来（格雷格·沃尔顿供图）

**右图** 在"沙漠风暴"行动之后，格雷格·沃尔顿所在部队从伊拉克撤离，直到接到永远撤离沙特阿拉伯的命令，他的战友们一次次更新了这个写在 D11 炮管上的名字（格雷格·沃尔顿供图）

85

第三章 战场生存能力：装甲、防护和隐身性能

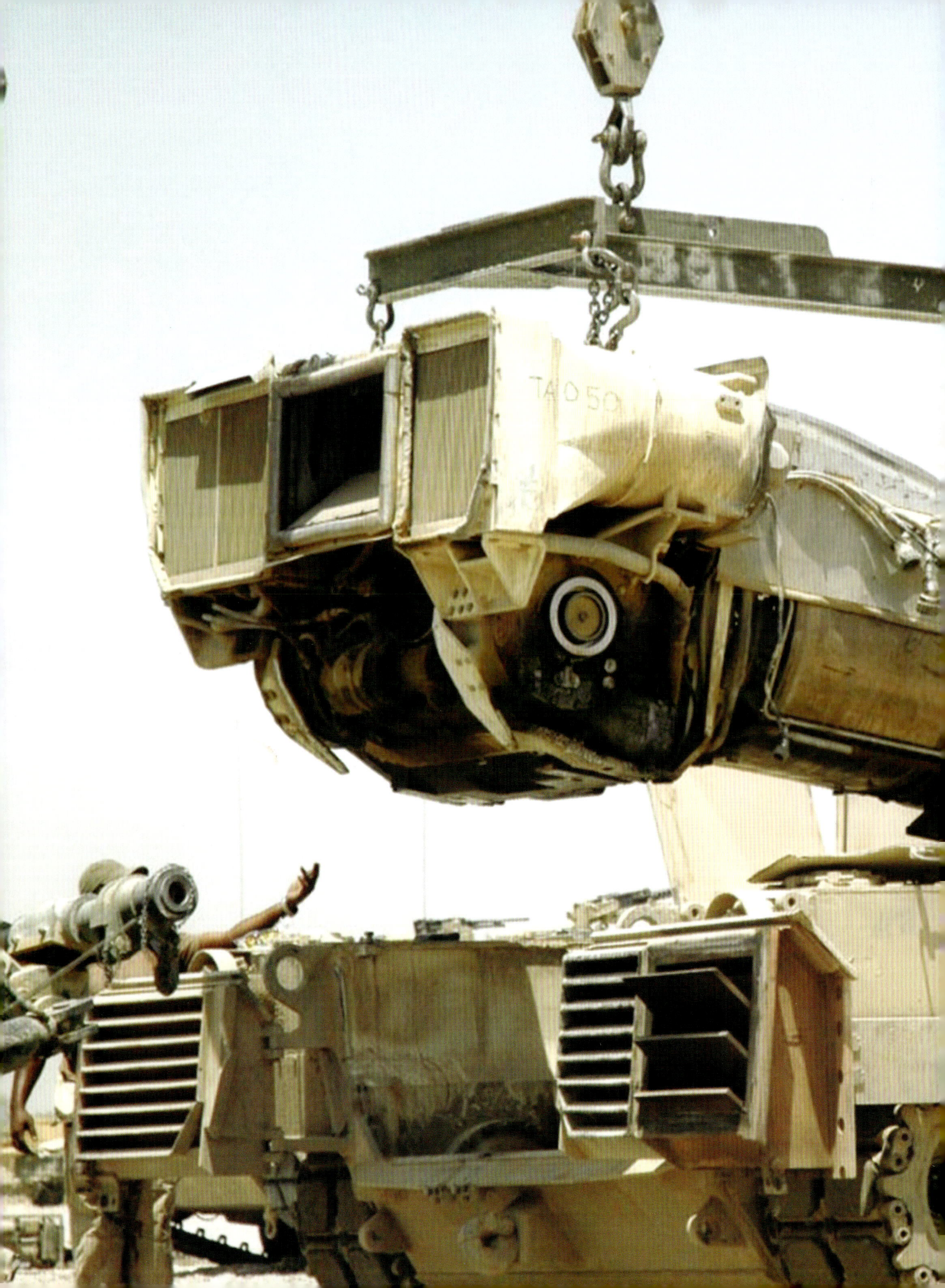
TA050

第四章

# 机动性：动力、通过性、操纵性和载重

M1艾布拉姆斯主战坦克以其重量轻便、动力强大、可使用多种燃料的燃气涡轮发动机而独树一帜。其强大的动力通过完美匹配的车辆传动系统进行传递，为坦克提供了惊人的加速性能和灵活的转向性。其重心低，稳定性好，扭杆悬挂装置改进后行驶非常平稳。其较高的操作自动化水平和符合人体工程学的设计，使驾驶变得容易且灵敏，极大地提高了车组乘员的舒适性，也有利于提高坦克的可靠性、反应能力和生存能力。

插图 在伊拉克的马赫穆迪亚，操作人员正在吊起一辆M1A1的动力舱（美国国防部供图）

## 发动机

**对**于外行来说，M1 坦克发动机的声音很容易让人联想到外星飞船或某种先进的飞机。燃气轮机独特的旋转和尖锐的噪鸣声确实是 M1 系列坦克所独有的，听起来更像是一架喷气式飞机而不是一辆坦克发出的。事实上，M1 坦克的发动机的确与美国 AH-64 阿帕奇直升机和 UH-60 黑鹰直升机使用的动力装置有着很深的渊源。

M1 坦克采用 AGT-1500 燃气轮机发动机提供动力，在额定转速下功率可达 1103.2 千瓦。燃气轮机能在低温条件下快速启动，适用多种类型的燃油，加速性好，最大速度高。燃气轮机重约 1134 千克，比同类柴油发动机轻得多，而且体积更小。它可以使用多种军用和商用燃油，包括柴油、船用柴油、汽油和航空煤油，因此在寒冷和炎热的天气下都可以运行。

其缺点也非常明显，特别是高油耗约 4 升/千米，启动时还需要再加 64.4 升，短航程（约 443 千米），较短的使用寿命和维护问题。

燃气轮机吸入空气，通过一个称为压缩机的旋转离心组件压缩空气，然后将压缩空气送入燃烧室。燃油在燃烧室中燃烧使压缩气体迅速膨胀。排出的气体驱动涡轮风扇高速旋转，进而由涡轮风扇驱动压缩机工作。在单轴燃气轮机中，涡轮风扇还负责驱动车辆的传动系统。

莱康明发动机是双轴燃气轮机，两个轴独立运行，彼此没有交叉。多轴燃气轮机允许主涡轮机风扇驱动车辆传动系统，而其他轴驱动压缩机和配件。其优点是，次级涡轮机风扇不与发动机的其余部分连接，因此在车辆减速或静止时发动机仍可全速运转。

多轴燃气轮机通常使用两个压缩机，这样燃烧室内压力更高；每个压缩机由 1 个涡轮风扇驱动。莱康明燃气轮机有 2 个串联的压缩机。

燃气涡轮发动机由 4 个主要部件组成。在进行拆装或检查、修理之前，这些零件通常是单独拆装更换的。

1. 辅助齿轮箱组件：安装在前发动机模块的下方两侧。它带有辅助齿轮箱，驱动一侧的机电燃油系统和另一侧的油泵工作。
2. 机头组件：前端包含一个进气口，位于 2 个压缩机之前。
3. 机尾组件：其中包含涡轮和回热器或称之为排气室。
4. 减速齿轮箱组件：安装在机尾组件后部的排气室中，用盖子封闭，减速齿轮箱与传动装

**下图** 这张部件分解图展示了组成发动机的 4 个主要组件：辅助齿轮箱组件，安装在机头组件的下端一侧；机头组件，包括进气口、低压压缩机组和高压压缩机组（从前到后串联安装）；机尾组件，在其前端有一个涡轮；减速齿轮箱组件，与涡轮的传动轴啮合，并最终通向排气室的内部（美国国防部供图）

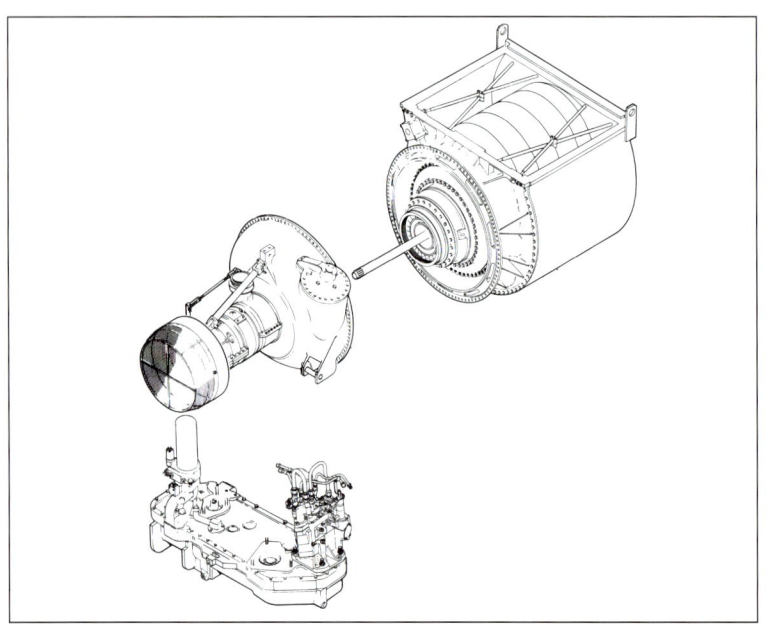

置配合，形成一个完整的动力传递系统。

除变速箱，发动机本体有 5 个主要功能部件：

1. 进气口：从前机头组件的前部伸出。
2. 低压压缩机：在进气口正后方，仍在机头组件内。
3. 高压压缩机：在低压压缩机的正后方。
4. 涡轮：向前突出进入燃烧室，燃烧室的废气驱动转子，转子再反过来带动前部的压缩机工作，驱动传动轴将动力输出至后方的变速箱。
5. 排气室：机尾组件中包围着减速齿轮箱的部分。

燃气轮机可以比柴油发动机体积更小，重量更轻，并提供更好的单位体积功率和单位重量功率。但是，在地面车辆上装备的燃气轮机必须要求坚固耐用（体积和重量比安装在飞机上的大），才能承受住车辆行驶时遇到的颠簸。因此，燃气轮机在飞机上的应用比在地面车辆上更为普遍。从热力学角度来看，燃气轮机在地面车辆和飞机上的表现是相似的。

燃气轮机可以提供非常高的燃烧压力与转速和扭矩（当速度降低时），但是它的燃料消耗非常高，机件磨损更大。

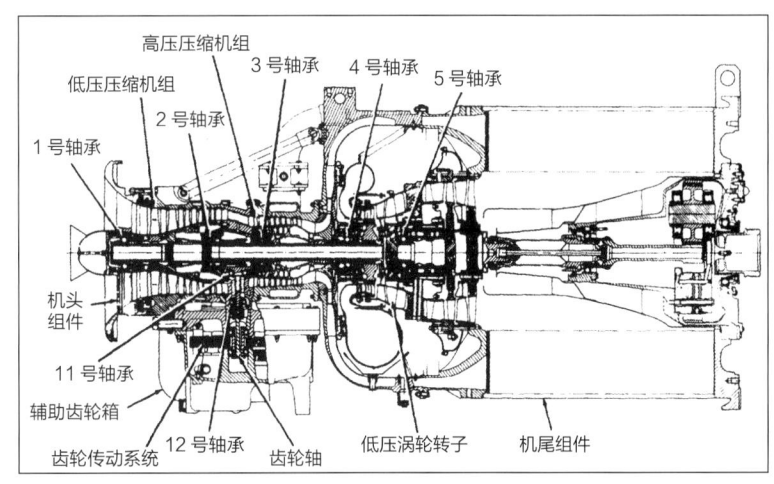

**上图** 这是发动机的主要结构图。空气从左侧进入机头组件，通过低压压缩机组中的旋转叶片被压缩后进入高压压缩机组。每个压缩机组均由涡轮中的不同风扇驱动，该风扇位于高压压缩机后面发动机中较宽的部分。空气和燃油在涡轮机巨大的燃烧室内充分燃烧，燃气通过涡轮机转子驱动其转动，然后流入到机尾组件，在那里进行冷却和排气。低压涡轮机转子将同时驱动低压压缩机和辅助齿轮箱，将动力传递出去。低压涡轮机转子的后面是动力涡轮，动力涡轮通过减速齿轮箱的动力轴将动力传递到发动机后部（图中右侧），从而驱动连接在发动机后部的变速器（图中未显示）（美国国防部供图）

**左下图** 外部空气通过进气室进入发动机舱内部，此分解图为进气室的主要组成部分。它由重达 95 708 克的铝板焊接组装而成。可承受 20 684 帕斯卡的额定压力（美国国防部供图）

**右下图** 空气滤清器组件由总重超过约 29.48 千克的铝板焊接制成。它连接到通风系统的顶部，并通过内部可拆卸的滤芯将空气中较大的杂质吸附在表面。经过粗滤的空气通过增压室内的 3 个 V 形滤芯，过滤掉空气中一些更细小的灰尘颗粒。滤芯通过紧固装置固定在进气室的端板上，清洁空气从进气室经过增压室进入发动机进气口（美国国防部供图）

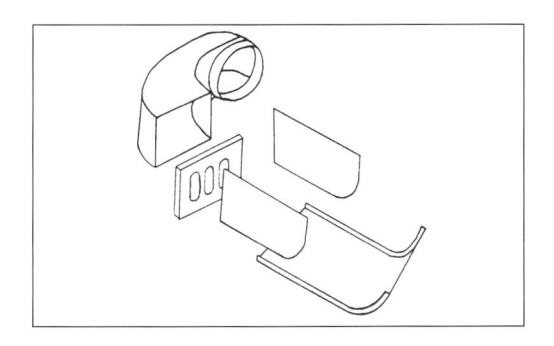

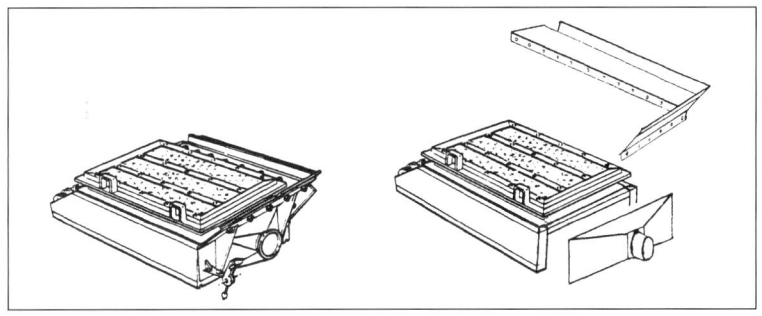

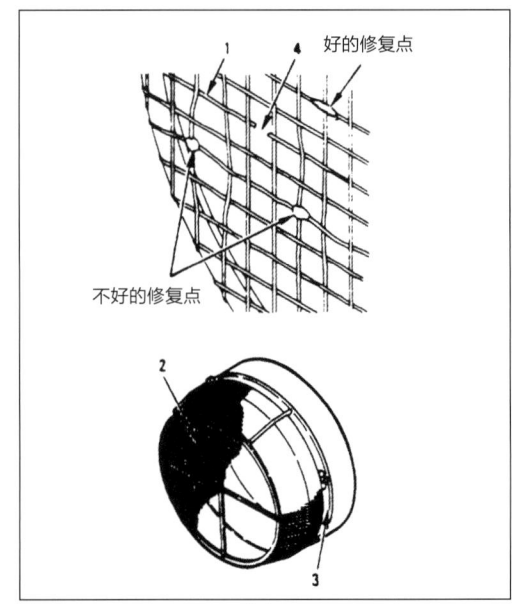

右图 1991年，在沙特阿拉伯的沙漠中，第70装甲团2营D连的1名坦克乘员正在使用本排另一辆坦克的压缩空气清洗空气滤清器组件。尽管坦克的风扇系统被设计成可以吹走过滤器滤袋中的杂质和灰尘，但厚重的灰尘和肮脏的沙漠环境迫使格雷格·沃尔顿的车组乘员不得不经常清洁空气滤清器（格雷格·沃尔顿供图）

上图 空气在进入机头组件的进气口之前要经进气室（此处未显示）过滤。进气口被金属丝（1）组成的筛网（2）覆盖。如果金属丝的断口（4）超过0.762毫米，则应更换整个筛网。比这小则可以使用钎焊合金和焊剂来进行修复。如果金属丝与固定带（3）脱离的话，也可以通过类似方法进行修复（美国国防部供图）

右图 这张照片可以让人直观地感受到滤清器的尺寸。如果不保持滤芯的清洁，M1A1很容易出现发动机过热并发生故障（格雷格·沃尔顿供图）

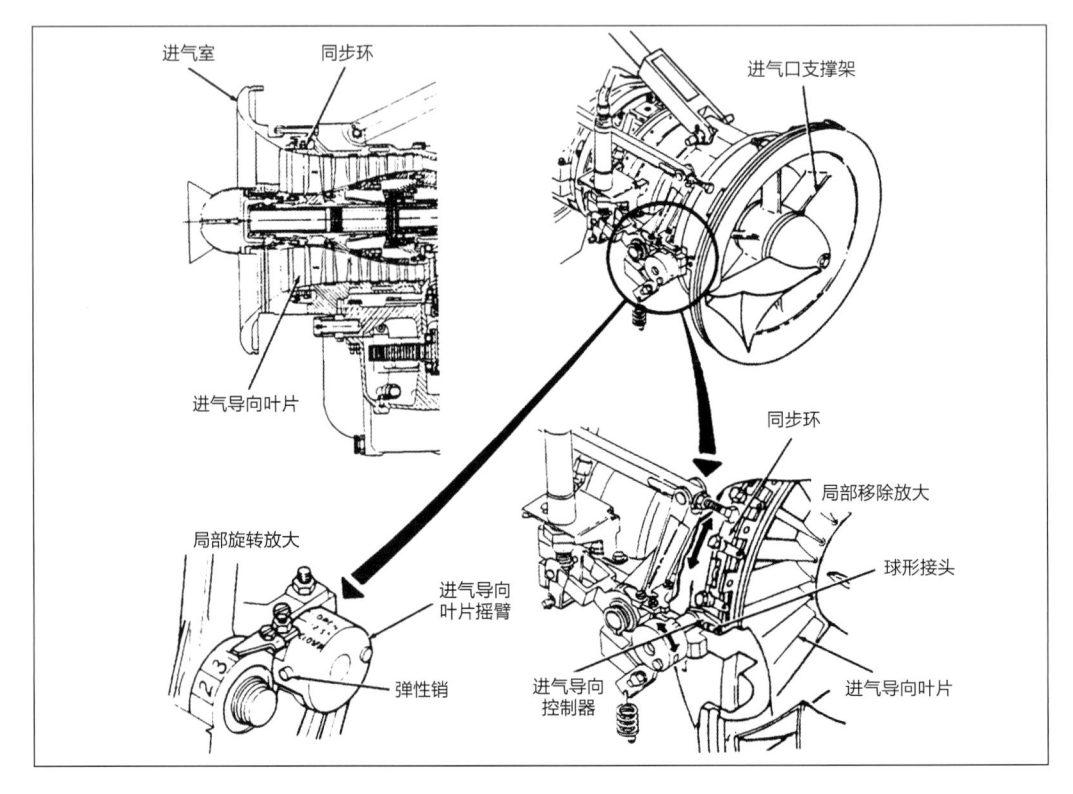

右图 通过进气导向叶片的气流由机电系统自动控制，该系统称为进气导向控制器（美国国防部供图）

90
M1艾布拉姆斯主战坦克工作手册

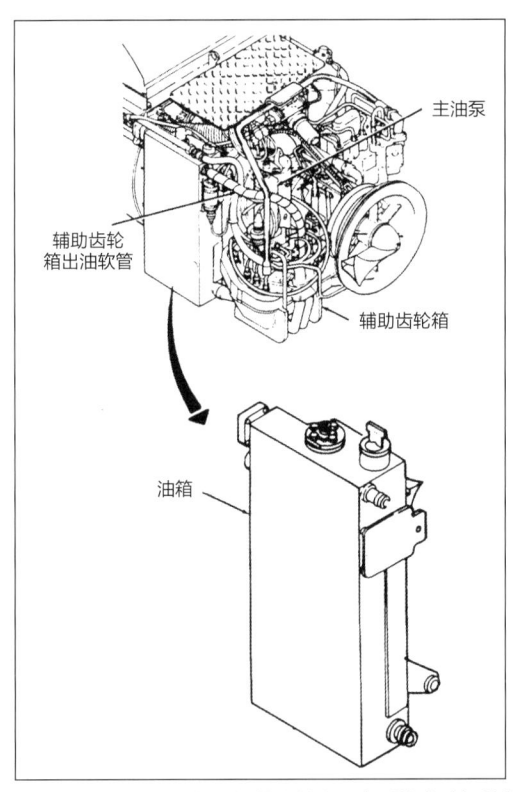

下图 像大多数内燃机一样，燃气轮机由电动机启动。启动时，电动机首先带动压缩机工作，直到燃气轮机可依靠燃料提供的能量持续做功。压缩机很容易启动，因此燃气轮机可以用比相同功率的柴油发动机所需更小的电动机来启动。它与辅助齿轮箱总成右侧（外侧）的看上去略小的主油泵连接在一起（美国国防部供图）

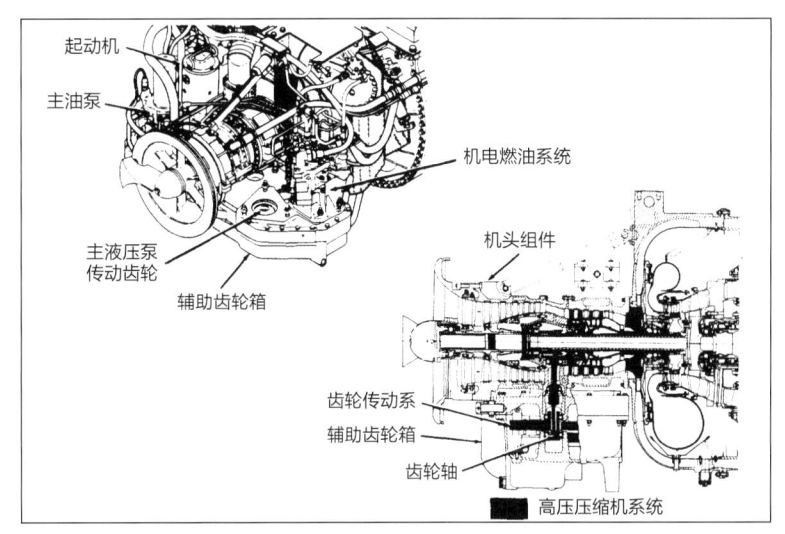

上图 该图显示了从发动机舱右前方观察到的发动机前部。这是带有所有附件的机头组件。空气通过进气室（图中未显示）及多层滤清器进入第一个压缩机（前部为圆形的组件）。辅助齿轮箱位于进气口左侧，主要负责将动力传递到其他部件，如驱动主油泵将油从机油箱中泵出，从而对发动机各运动部件进行润滑（美国国防部供图）

右图 该图显示了拆下滤网后的发动机进气口。空气通过进气导向叶片（1）进入发动机后，低压压缩机的第一级压缩机叶片（2）开始压缩空气（美国国防部供图）

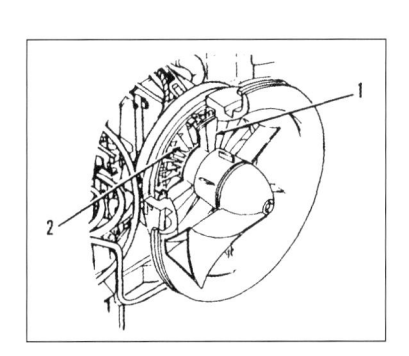

右图 这张发动机舱左前侧视角的部件分解图，显示了位于前部进气口和后部涡轮之间的压缩机及其壳体的串联状态。低压压缩机与进气导向叶片后部相连，其上部外壳在图中已经被隐去，叶片组件（1）与露出的外部护罩相连。压缩机叶片（3）在叶片组件内旋转。与低压压缩机一样，高压压缩机壳体在图中也被隐去，露出其叶片组件（2）和压缩机叶片（4）（美国国防部供图）

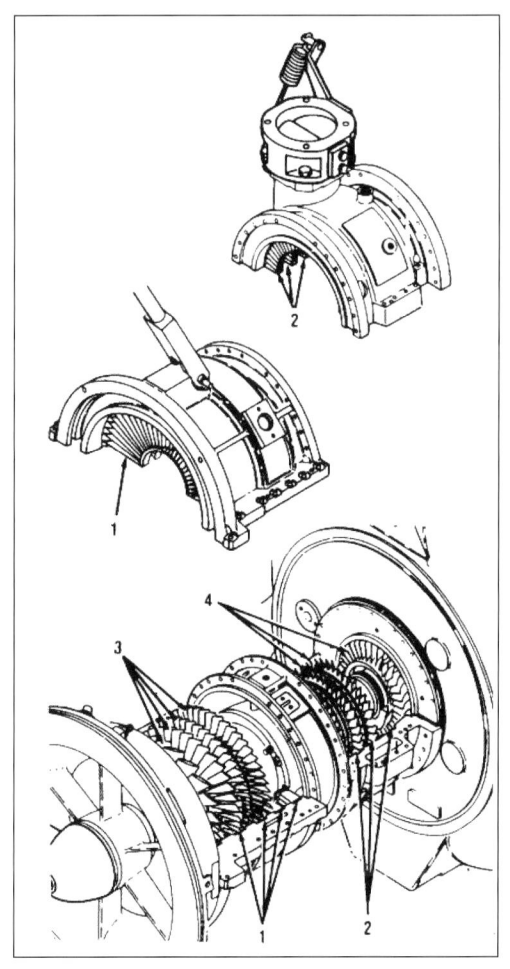

91

第四章 机动性：动力、通过性、操纵性和载重

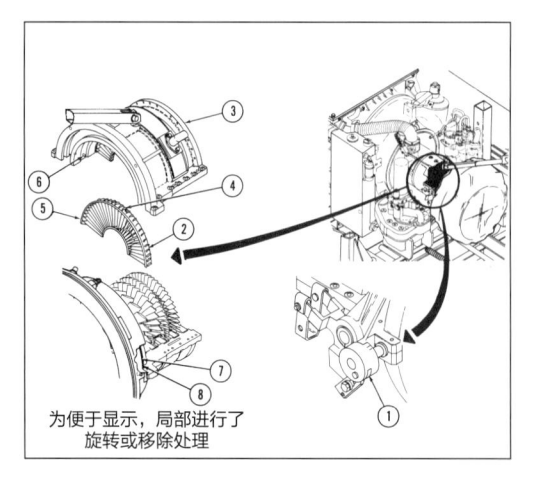

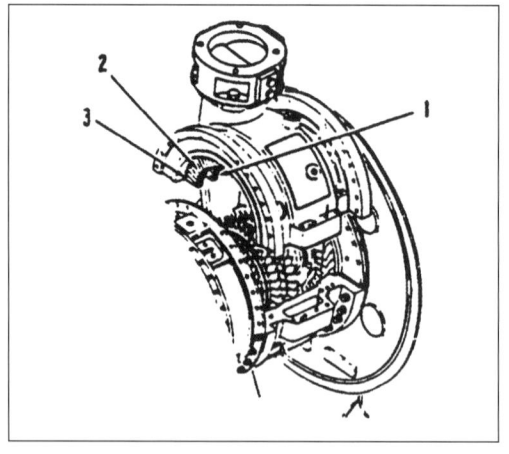

左1图 将低压压缩机的上壳体拆除后，可以检查进口导向叶片的转子（1）、叶片（2）和同步环球形接头（3）是否磨损（美国国防部供图）

左2图 要检查高压压缩机内部的叶片，需要拆下壳体的上半部分，露出叶片组件（1）、叶片（2）和外罩（3）（美国国防部供图）

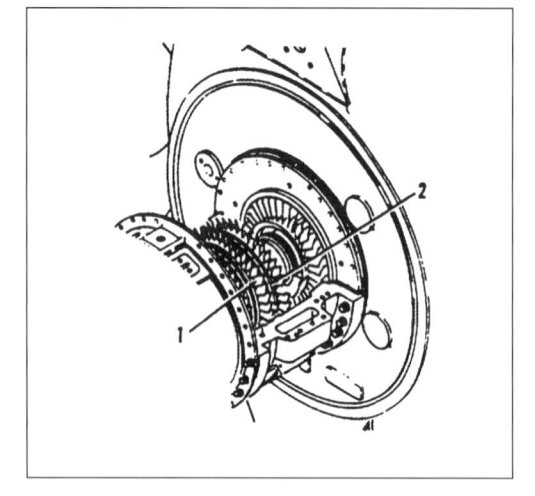

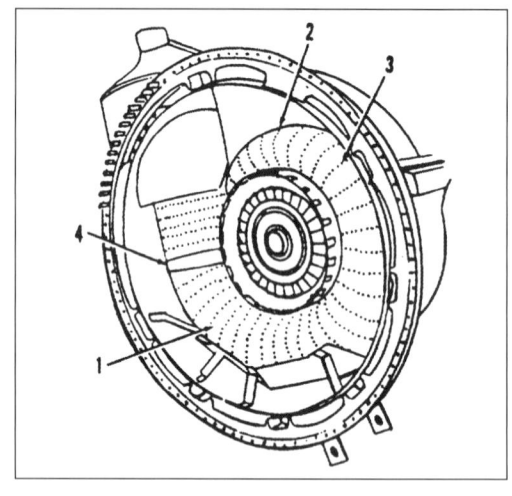

为便于显示，局部进行了旋转或移除处理

右图 检查完叶片后，检查转子叶片（1），同时缓慢转动转子（2）。注意不要被叶片的锋利边缘割伤（美国国防部供图）

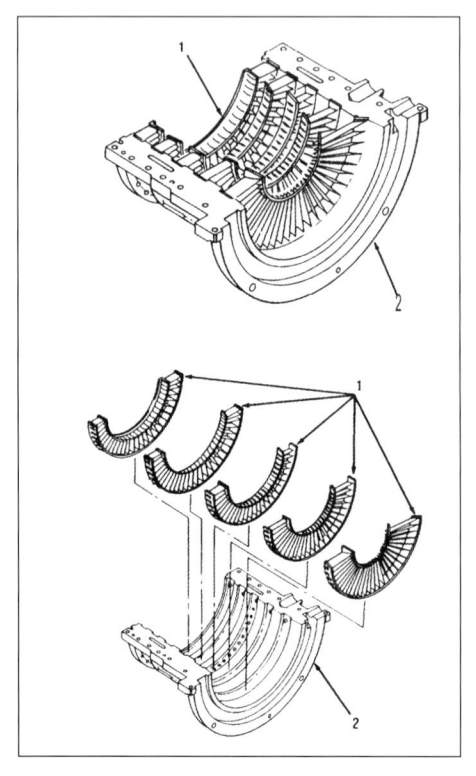

左图 为便于充分清洁保养，可对压缩机进行细部分解。首先，将每个叶片组件（1）从壳体（2）中取出，必要时可以将叶片组件在清洗液中浸泡，并用毛刷进行清洗（清洗液由1份碱性除垢剂加入4份洁净的热水并搅拌均匀）。如果采用该方法仍不能彻底去除污垢，可用烤箱清洁剂喷洒叶片组件，放置45分钟后再用清洗液冲洗。壳体的清洁方法相同。清洁后，应使用加热的干净自来水冲洗所有零件表面。最后，用不超过约0.2兆帕的压缩空气吹干零部件。叶片组件的安装位置必须与拆卸时相同，不可相互调换。在每个叶片组件的凸出边缘涂抹少量的蜂蜡有助于将叶片组件固定在插槽中，直到将壳体组装在一起（美国国防部供图）

上图 该3/4视图是从发动机舱右后角观察到的空气压缩机的内部构造。这是空气压缩机的后表面，它与涡轮机的前表面和机尾组件相连。空气经由顶部的导管进入压缩机内部，沿螺旋形集热器（1至2）周围流动时被压缩，为防止压缩气体过热，其上钻有散热孔（3），集热器被外部的壳体和环形加强筋（4）固定。压缩空气最后进入燃烧室，在燃烧室中与燃油混合点燃。快速膨胀的废气推动涡轮机叶片旋转，从而带动传动轴转动（美国国防部供图）

92
M1 艾布拉姆斯主战坦克工作手册

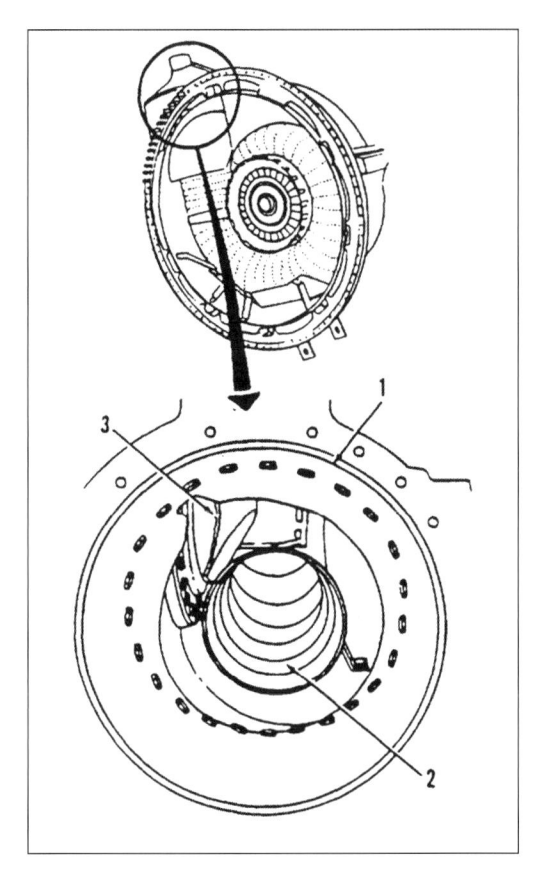

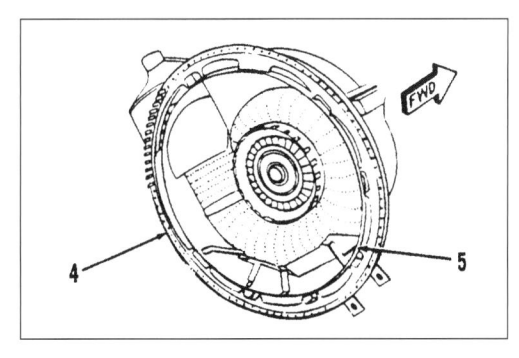

**左图** 空气扩散器（4）和扩散器内衬（5）（美国国防部供图）

**左下图** 压缩机转子叶片（1）绕轴居中排列。使用人员在检查过程中，如发现叶片出现烧蚀、裂纹或熔化后的金属堆积等情况，需及时对叶片进行更换。此时，需要将整个机头模块拆下，以便进行分解。由于压缩机上的转子叶片非常锋利，操作时需格外小心。喷嘴叶片（2）固定在两个圆形护罩之间。叶片与外罩（5）和内罩（6）相连，为了确保叶片边缘（3）带动空气，每个叶片都向外倾斜一定的角度。使用人员通过目视检查这些叶片。如果出现以下情形，则应及时更换机头模块：①在叶片与壳体（5，6）的连接处发现超过 11.112 毫米的裂纹（4）；②出现 4 个以上叶片的边缘（3）被烧蚀的情况；③裂纹宽度大于 6.350 毫米且深度大于 3.175 毫米（美国国防部供图）

**上图** 空气进入燃烧室（1）的通道，空气收集器（2）和空气收集器垫圈（3）（美国国防部供图）

**右下图** 燃油由回转泵泵入燃烧室。该回转泵与机电式燃油系统的其余部分一起，装在辅助齿轮箱组件的左侧（近侧），并直接从辅助齿轮箱接收传递的动力（美国国防部供图）

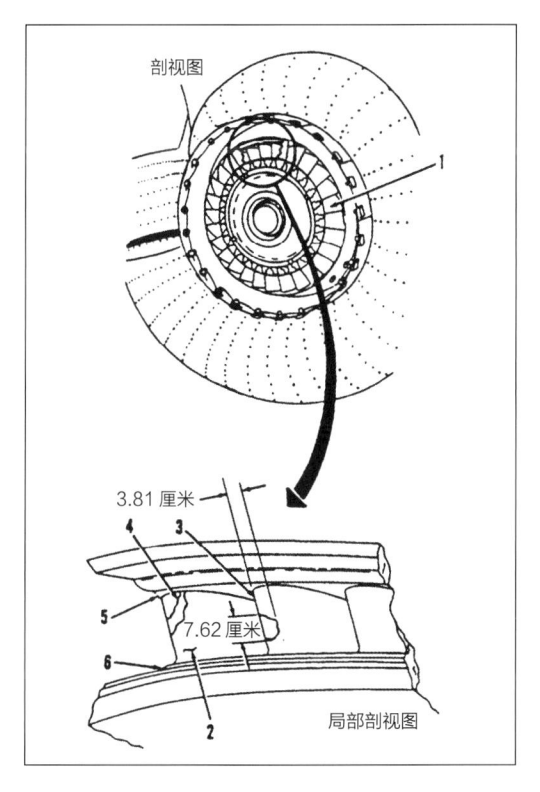

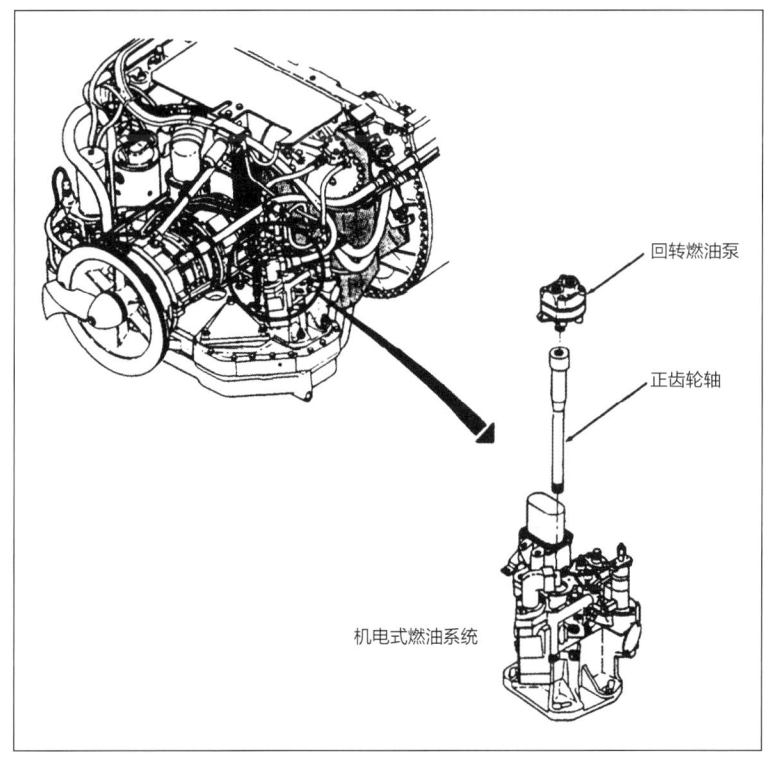

93

第四章 机动性：动力、通过性、操纵性和载重

右图 这是一张从左侧观察发动机舱的线条图，图中仅显示了机头组件。空气从左侧进入发动机后，经过2个压缩机，最终进入燃烧室。高压压缩机周围是燃烧室，燃烧室产生的废气将从后侧进入涡轮机（美国国防部供图）

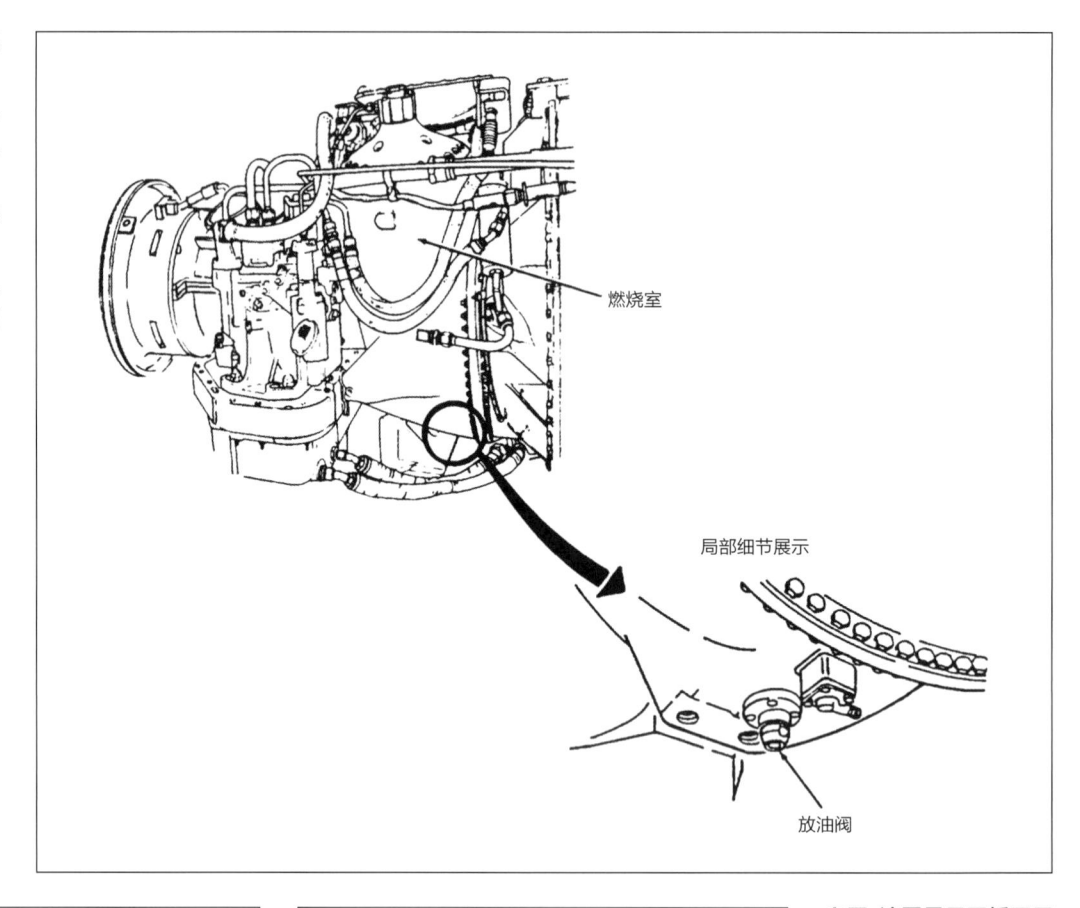

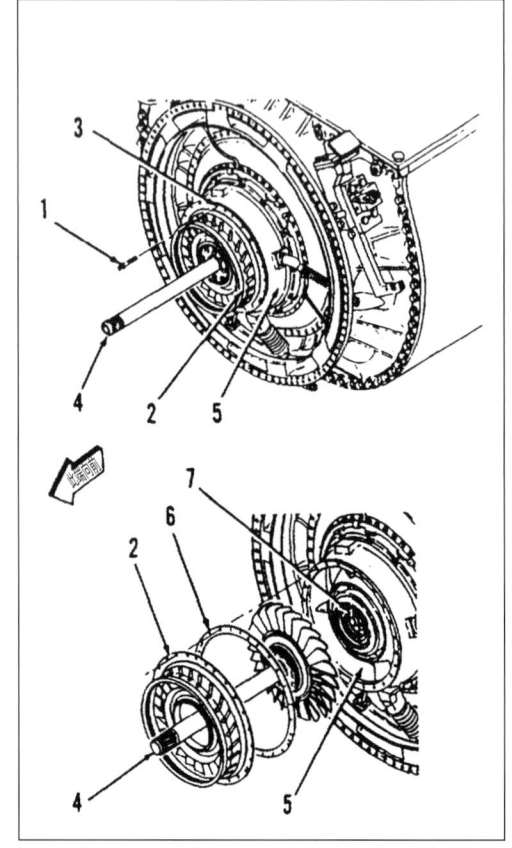

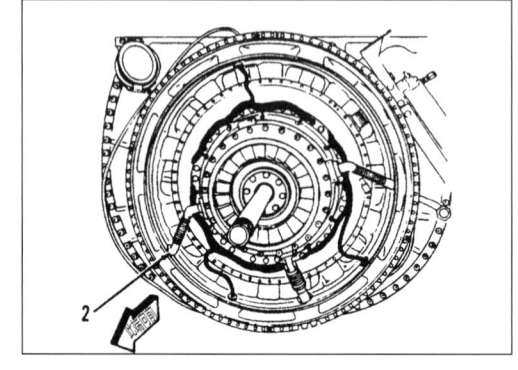

燃烧室

局部细节展示

放油阀

左图 该图显示了拆下压缩机后涡轮机的前表面。中心突出的是涡轮轴。在内外罩之间，转子叶片围绕涡轮轴布置。外部护罩周围是机油管（此处为黑色阴影）和2个供油管组件（2），润滑油通过供油管组件进入发动机。在近侧的是回油管总成，它将润滑油回流至前方油箱（美国国防部供图）

左图 涡轮机前部部件的分解比较复杂。首先，将转子轴（4）和涡轮喷嘴（2）加以支撑，防止它们倾斜或翘起。同时，将3根紧固螺钉（1）插入3个螺纹孔（3）中并拧紧，防止喷嘴（2）从壳体（5）上卸下时翘起。这时，就可以将涡轮轴（4）、喷嘴（2）、隔离环（6）和转子叶片依次卸下，完成这些操作之后，卸下紧固螺钉，分解完毕。完成分解后，即可对壳体（5）和涡轮机导流板（7）进行检查，防止出现机件损坏或漏油等故障（美国国防部供图）

右图 这是从发动机的上方观察到的废气传递路线，来自燃烧室的废气从前向后传递，驱动转子叶片并由此带动涡轮轴转动。之后，废气汇聚在机尾组件内减速齿轮箱外部的空腔中，并最终被外部气流冷却后从发动机排出（美国国防部供图）

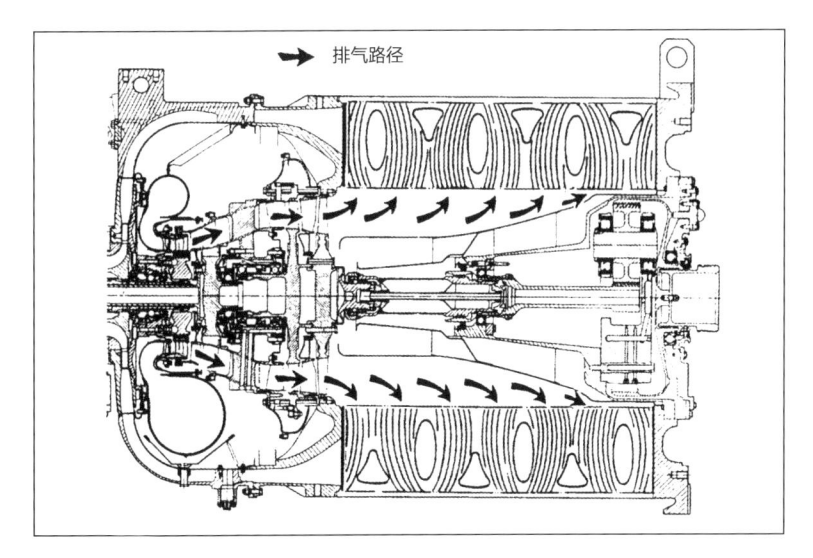

→ 排气路径

下图 这张发动机舱右前侧的 3/4 视图同时包含了机头组件和机尾组件。回热器管路系统（1）最显著的特征是前集热管（2）和后集热管（3），燃烧产生的废气在回热器中进行冷却，传给增压空气一部分热量以降低油耗，最后从回热器顶部通道排出车外。后集热管面向变速箱，并通过 15 个螺栓和 15 个垫圈与变速箱连接在一起（美国国防部供图）

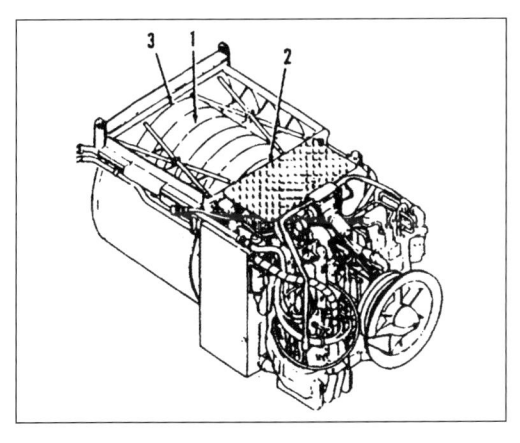

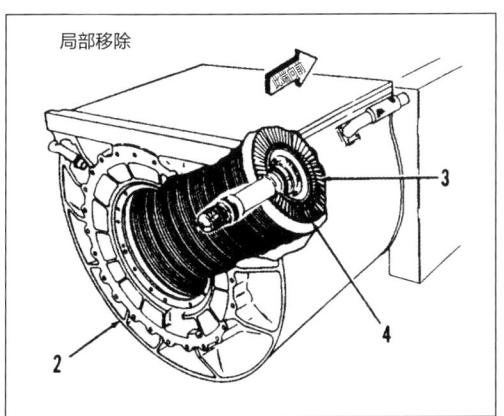

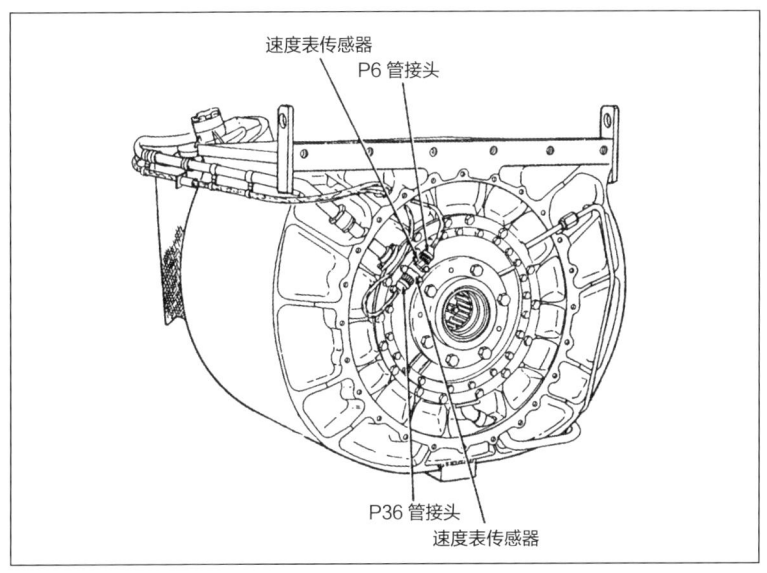

速度表传感器
P6 管接头

P36 管接头
速度表传感器

上图 该 3/4 视图是未连接变速箱时从发动机舱的左后角观察到的减速齿轮箱后表面，露出了用于感应发动机输出转速的电气和电子系统。在减速齿轮箱后盖上装有 2 个带有独立电气连接器的速度表传感器，他们以彼此相邻但方向相反的方式安装。由此形成 2 个传感器电路通过电缆连接到坦克的电子控制单元。这 2 套传感器冗余配置，但是如果 2 个传感器同时失效，则驾驶员控制面板将不能显示发动机输出，此时电子控制单元将触发保护性操作模式（美国国防部供图）

局部移除

左图 该图显示了从发动机舱右后角观察的机尾组件。图上看不见的部分是涡轮机（3）另一侧的燃烧室。从燃烧室排出的废气推动动力涡轮转子（3）的叶片（4）旋转，从而带动主轴转动。动力因此从机尾组件（2）经过减速齿轮箱（图中未显示）传递给传动轴（美国国防部供图）

95

第四章 机动性：动力、通过性、操纵性和载重

右图 辅助齿轮箱（在这张俯视图中，位于机头组件的左下方）的左侧部分充当油底壳，用于收集从机头组件和机尾组件各轴承表面流回的机油。润滑油从辅助齿轮箱的左侧流向右侧，在那里被吸入机油泵（美国国防部供图）

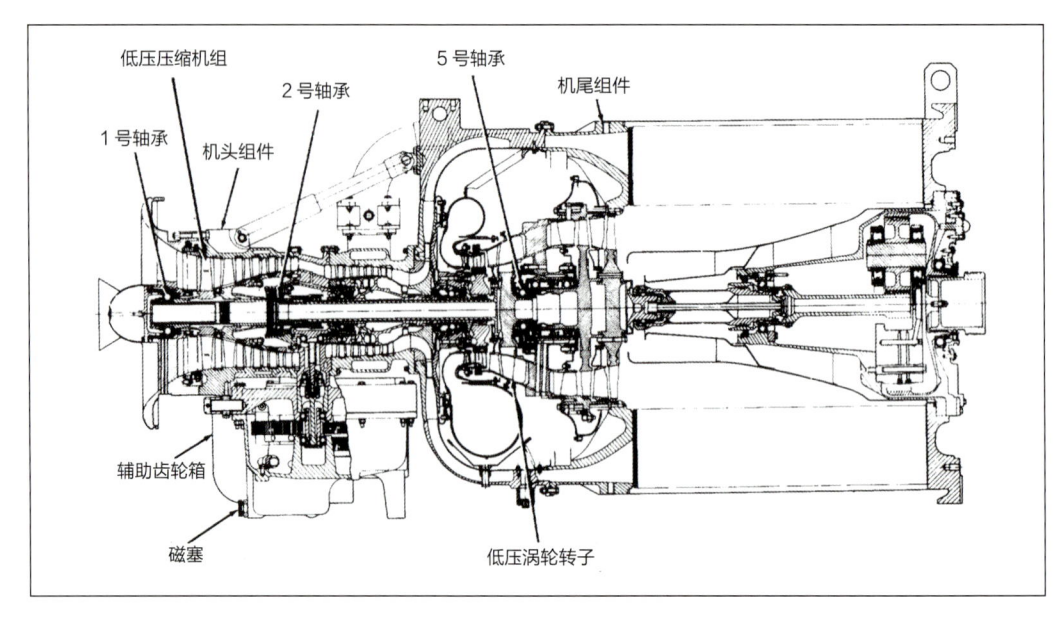

低压压缩机组　　5号轴承
2号轴承　　　　机尾组件
1号轴承　机头组件

辅助齿轮箱　　　低压涡轮转子
磁塞

右图 从发动机舱的左前角看，这张3/4视图显示了从5号和6A号轴承（1）和6B轴承（2）进入到辅助齿轮箱的回油软管组件，辅助齿轮箱在这里起到了油底壳的作用（美国国防部供图）

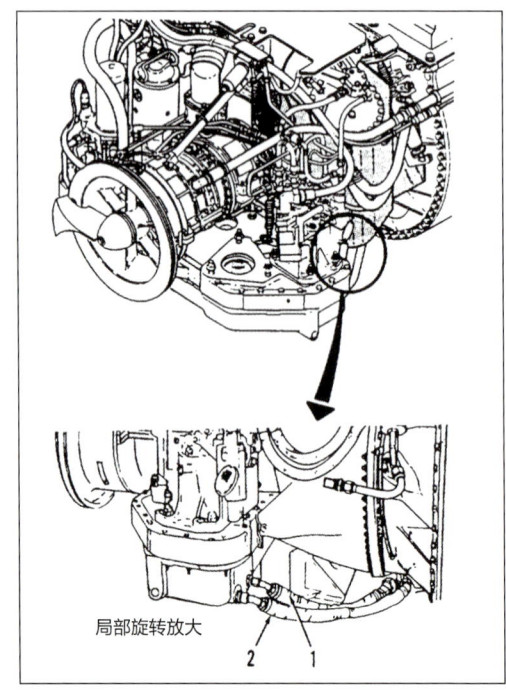

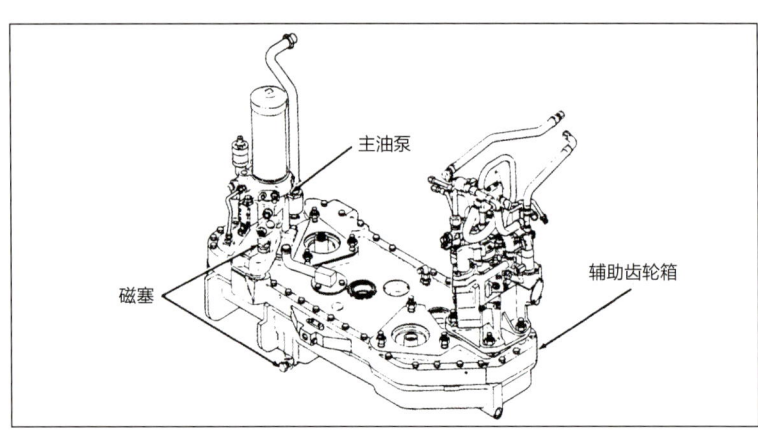

局部旋转放大
2　1

主油泵
辅助齿轮箱
磁塞

## 润滑系统

活动部件通过供油管道自动润滑。如果管道、接头和密封件连接不紧密，将导致润滑油泄漏，从而降低发动机的性能，产生蓝烟，暴露坦克的位置。

因为潜在的漏油位置很多，使用人员必须定期检查发动机的各个部分，寻找可能的故障点。从动力装置的前部开始排查储油罐（可能有油溢出）、辅助齿轮箱（软管可能堵塞）、油泵（其回油元件可能损坏）。如果没有在这些区域发现故障，使用人员应首先拆除机头组件，检查低压压缩机和高压压缩机，最后拆卸传动轴，重点对涡轮和减速齿轮箱进行检查。

## 冷却系统

发动机由空气和机油冷却。机油通过风扇冷却，风扇将空气从机尾组件的两个进气管吸入。每个进气管都是由金属铝板加工而成，重约7.71千克。

左图 辅助齿轮箱驱动主油泵，并与主油泵安装在同一固定支架上。辅助齿轮箱和主油泵具有单独的磁塞，可以用于吸附不同来源的金属屑。这些在故障诊断上很有用（美国国防部供图）

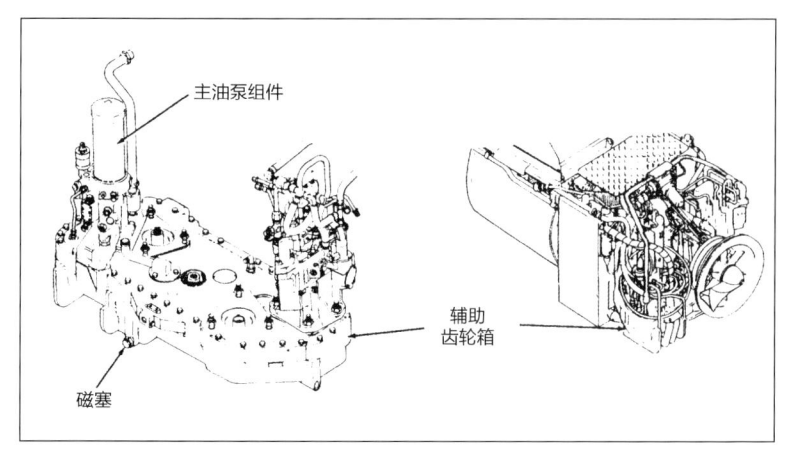

左图 该图显示了两个不同方向的 3/4 视图。左边是从发动机舱前部观察到的与动力总成分离的辅助齿轮箱，辅助齿轮箱在近角的位置起到油底壳的作用，用于收集从发动机内各零件表面流回的机油。在远角的位置，机油通过主油泵从辅助齿轮箱排出。右边是从发动机舱右前侧观察到的机头组件，辅助齿轮箱位于发动机前进气口的下方；近角位于油箱前方的是主油泵（美国国防部供图）

下图 辅助齿轮箱（油箱的前部）发挥油底壳的功能，用以收集从发动机机头组件和机尾组件轴承表面流回的机油。主油泵将油底壳中的热油通过液体过滤器输送到发动机的机油冷却器中（美国国防部供图）

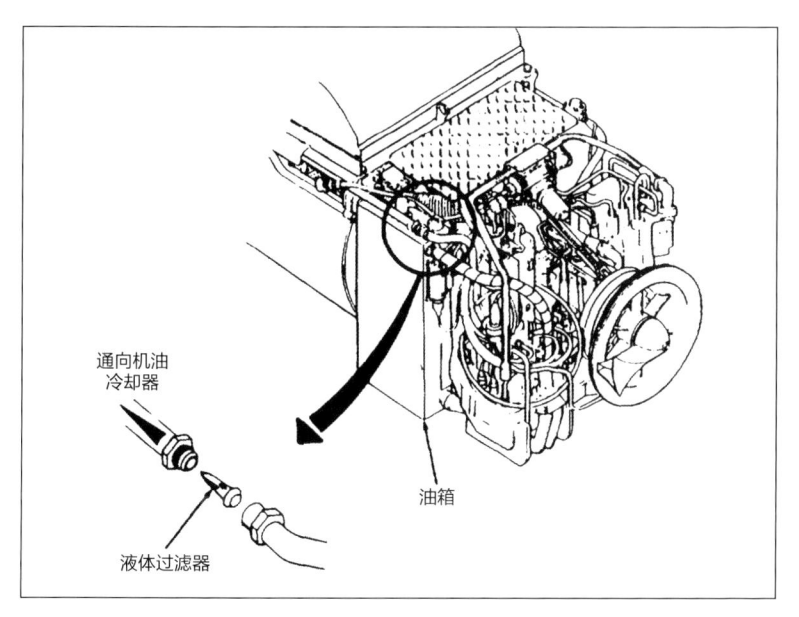

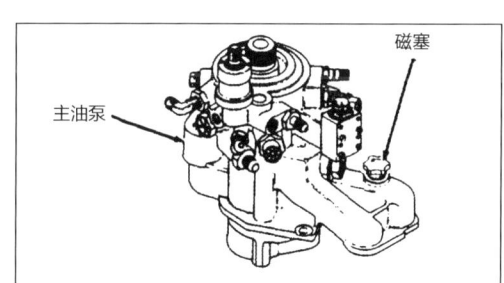

上图 机油通过回油管从减速齿轮箱返回，在机油进入主油泵之前会首先通过磁塞。磁塞可以很容易拧下，便于清除吸附在磁体上的金属碎屑，避免杂质在发动机内部进一步循环。从机头组件中运动部件产生的金属碎屑，最终会汇聚到辅助齿轮箱的磁塞上（美国国防部供图）

右图 高温机油在向后通过机油滤清器后，到达发动机机油冷却器。然后，将机油引导通过垂直面向后的高效散热器，并采用风扇吹送的空气进行冷却，冷却的机油最终返回油箱（美国国防部供图）

下图 风扇位于侧减速器上方发动机两侧的位置（美国国防部供图）

97

第四章 机动性：动力、通过性、操纵性和载重

右图 轴流式风机采用铝制外壳，重量仅为约 1.3 千克（美国国防部供图）

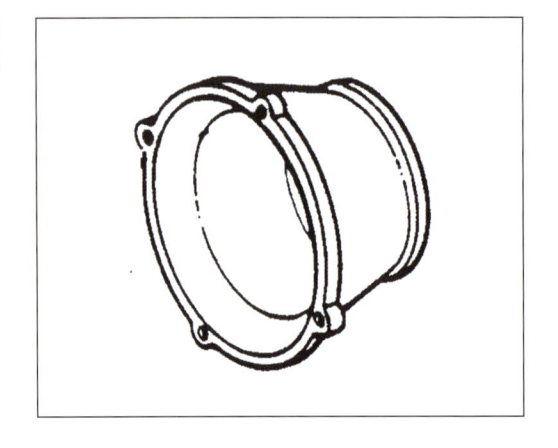

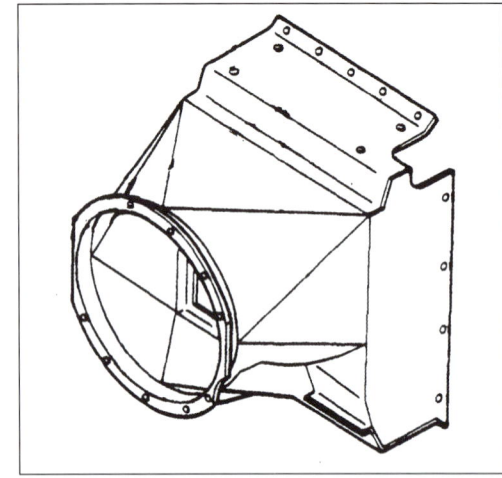

右图 机油冷却器管道（美国国防部供图）

右图 一辆在铁路运输过程中捆绑紧固的 M1A2 SEP，其排气管外侧的防护格栅已经生锈，而且能明显看出长期高温炙烤的痕迹（美国国防部供图）

### 替代产品：柴油发动机

在输出功率相同的情况下，燃气轮机通常拥有比柴油机更轻的重量，并且可以适用多样化的燃油。但是，燃气轮机的劣势也很明显，由于运行温度高，在战场条件下，燃气轮机产生的超高热信号很容易被敌方红外探测器或其他热传感器发现并定位。工作产生的高温也会对发动机舱内或附近的人员安全造成威胁，导致车组人员不能将任何物品堆放在该区域周围。燃气轮机与常规的压缩点火发动机相比功率更低，即使在同样以柴油为燃料时也是如此。在 M1 坦克上，同等条件下，燃气轮机的燃油消耗量是同类柴油发动机的 2 倍。

通用动力公司地面作战系统高级副总裁迈克·坎农（Mike Cannon）在华盛顿举行的美国陆军协会（AUSA）年度研讨会上宣称，为 M1 坦克配置的柴油发动机可以将旅级战斗队的战术范围从约 330 千米扩大到约 483 千米。由于燃气轮机对材料加工精度及各方面性能要求更严苛，且工作寿命更短，因此综合看来，柴油机通常比燃气轮机具有更高的经济性。

随着 M1 坦克家族不断推陈出新，在未来随时都有可能用柴油发动机替换燃气轮机。事实上，在 M1 坦克研制历程中，柴油发动机一直是动力装置的重要候选对象。尽管仍不确定美国陆军是否会购买新型 M1A3，但研制部门已经在 M1A3 上探索尝试装备柴油发动机的可能。

## 动力舱

为了便于维修保养，发动机与变速箱、两个侧减速器、空气滤清系统、回油泵和冷却系统组合在一起成为一个模块化单元，习惯上称之为"动力舱"。动力舱与附件之间采用了快速连接设计，便于拆卸。

右图 图中所示为从发动机舱右前侧观察到的整个动力舱。前面是进气室，与进气室相连的是机头组件及其附件。发动机采用从前往后的工作顺序，在发动机尾部可以看到冷却系统，其侧面装有风机，后部装有散热器。冷却系统下方是变速箱，图中显示的是发动机右侧的侧减速器。在维修保养过程中，将整个动力舱从坦克中吊装提出后，松开变速箱安装螺栓，之后即可将变速箱与发动机分离（美国国防部供图）

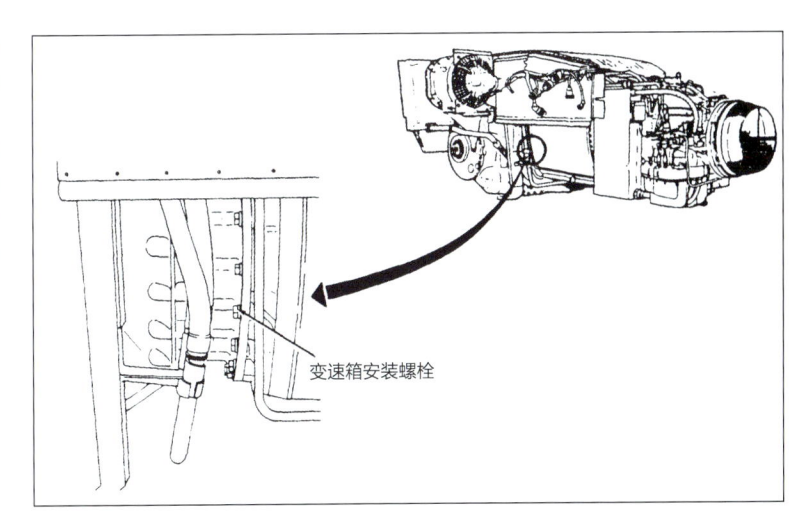

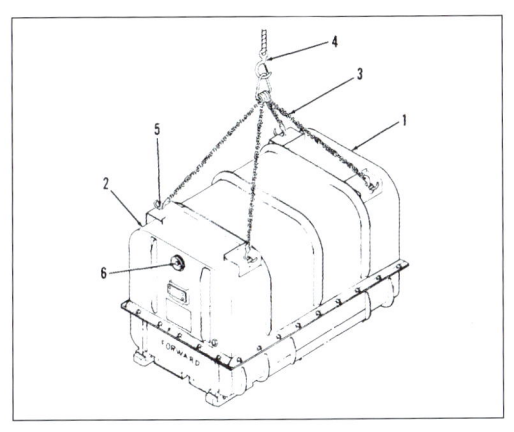

变速箱安装螺栓

左图 在这张图片中，看到的是一个用于运输发动机的集装箱（1和2），用吊索（3）和吊钩（4）连接到4个角上的提升杆（5）即可将集装箱提起，吊钩的额定起吊重量约为454千克。集装箱内初始压力大于外界大气压力，这样可以防止腐蚀性气体和液体进入集装箱内部。打开集装箱之前，首先按下放气按钮（6）直至没有空气逸出，此时集装箱内外压力平衡。之后，卸下四周的固定螺栓，使集装箱上盖与底座脱离。一个集装箱的尺寸无法满足容纳整个动力舱。事实上，共生产有5种规格的集装箱，一种规格可装入发动机，其他4种规格分别装入发动机的4个主要部件：机头组件、辅助齿轮箱组件、机尾组件和减速齿轮箱组件（美国国防部供图）

下图 在利马陆军坦克工厂，一台崭新的动力舱正准备安装到M1A2上（美国国防部供图）

一个训练有素的维修班组可以在几小时内完成一整套动力舱的更换。除单个备件，修理单位会在其库存中为每辆坦克准备几套动力舱，以便动力系统出现故障时能够快速修复。

整个动力舱重约3856千克，长约3.02米，宽约2.03米，高约1.19米。除了发动机，动力舱中最大的单元是冷却系统，包括机尾组件、散热器和风扇。

下一个最大的单元是传动装置，其中包含变速箱和两个侧减速器。变速箱使用15个螺栓和垫圈沿垂直方向固定在发动机上。理论上讲，这种安装形式既安全又可以快速地连接和断开。但在实际工作中，容易出现因操作疏漏导致连接件松脱或丢失的情况。在M1刚服役的前几年，官方调查发现超过1/4的螺栓存在松动或丢失等问题。

99

第四章 机动性：动力、通过性、操纵性和载重

左图 2006 年 6 月 29 日，在伊拉克哈巴尼亚耶营地，美国海军陆战队威廉·哈斯下士正将电源电缆和控制电缆连接到第 2 坦克营 A 连一辆 M1A1 的发动机上（美国国防部供图）

左下图 2006 年 6 月 29 日，在伊拉克哈巴尼亚耶营地，美国海军陆战队第 2 坦克营 A 连司令部和支援排的夜间修理组长里奇·乔丹中士，在拆除 M1A1 发动机的过程中，尽力确保发动机起吊平稳（美国国防部供图）

右图 2006 年 6 月 29 日，在伊拉克哈巴尼耶营地，一台替换的动力舱被吊装到美国海军陆战队一辆 M1A1 上（美国国防部供图）

## 格雷格·沃尔顿在"沙漠盾牌"行动期间更换坦克动力舱

1991 年 1 月，当我们抵达沙特阿拉伯达曼港时，同时靠岸的 M1A1 坦克正依次从一艘巨大的滚装船（RORO）上缓缓驶下。D-11 号坦克下船时明显有些不对劲，它开得非常慢。经过现场技术检查得知，在把坦克从德国装上铁路平板到沙特阿拉伯的这一段行程中，有人违反操作流程发动车辆，导致 D-11 号的发动机启动困难，无法正常行驶。

我和车组乘员在港口搭起维修帐篷，文职技术人员和营部维修小组进一步评估了坦克的损坏情况，决定对 D-11 号的发动机进行更换。由于不想使用自己宝贵的备件，D-11 号就一直被停在港口，等着从其他坦克上调换一台发动机。幸运的是，港口停放了大量的 M1 坦克，放眼望去场面非常壮观，这其中还包括一些准备升级至 M1A1 的其他单位上交的坦克。

办完相关手续后，我们迅速为 D-11 号更换了动力舱，随后将它装载到一辆平板拖车上运往目的地。后来，我们发现替换上的发动机也出现了故障，更糟糕的是，在进入伊拉克之前它的变速箱也失灵了，因此，我们只得启用备用坦克。

右图 图中所示为 M1A2 SEP 的驾驶员舱盖，此时炮塔处于反转位置。舱盖需要升起一定高度才能向外侧转动（美国国防部供图）

右下图 一辆正在翻新的 M1 坦克车体，车首开孔的位置和尺寸为驾驶员舱门留下了足够空间。在舱门打开的情况下，可用于驾驶员紧急逃生（匿名）

## 驾驶室

**美**国陆军在《野战手册》中对 M1 驾驶员的职责是这样描述的：

驾驶员主要负责驾驶坦克。在驾驶过程中，驾驶员需要结合地形，寻找合适的遮蔽物，并沿隐蔽路线前进。驾驶员应保持坦克在编队中的位置，并观察战场情况。如坦克装有航向仪，则驾驶员应负责监视该设备并选择最佳战术路线。在交战过程中，驾驶员负责协助炮手和车长寻找目标、警戒来射炮弹。驾驶员向车长负责，及时对坦克进行保养和补充油料，根据需要协助其他车组乘员完成相应工作。

M1 坦克的驾驶舱位于车首中央，两侧分别是用装甲板隔开的燃料箱与弹药箱。驾驶员是唯一在坦克车体内操作的车组乘员。他可以从装填手席进入驾驶室，通过炮塔吊篮上的一扇门，伸脚在前滑入座椅。安全起见，此时炮塔应处于锁定状态。在驾驶员舱盖打开的情况下，驾驶员可以直接从舱门进入驾驶室。但是要注意，当驾驶员正在进入驾驶室的时候，绝对不允许给炮塔通电或转动炮塔。

进入驾驶室后，驾驶员斜靠在一个软垫座椅上，呈半仰卧姿势，驾驶员座椅由约 6.35 毫米厚的铝板焊接而成，总重量约为 50 千克。座椅带有独立头枕，开合角度可调，提高了驾驶

左图 一辆从预备区驶向训练区的 M1 坦克的标准姿态。坦克向后掉转炮塔，这样驾驶员前方的视野更加开阔，并降低了坦克火炮与另一辆坦克碰撞的可能性（布鲁斯·奥利弗·纽瑟姆供图）

101

第四章 机动性：动力、通过性、操纵性和载重

右图 这张从驾驶员视角拍摄的照片中，成纵队行进的一辆坦克，炮塔掉转向后（美国国防部供图）

下图 这是从驾驶座位上看到的炮塔吊篮舱门和装填手的位置（美国国防部供图）

左下图 这是从打开的炮塔吊篮舱门看到的驾驶室，驾驶员舱门处于打开状态（美国国防部供图）

右下图 图为驾驶员座椅附近的红色手动灭火器按钮。左侧按钮控制发动机灭火器，右侧按钮控制乘员舱灭火器（美国国防部供图）

**左上图** 驾驶员需要学会操纵控制，并尽量避免下意识反应造成的误操作（美国国防部供图）

**右上图** 照片中是驾驶员座椅外侧的车体排水阀控制装置。座舱顶部右上角为灭火器（美国国防部供图）

**右图** 驾驶员通过控制驾驶杆来操纵坦克。在换挡杆两侧设有通信麦克风的开关按键，使得驾驶员可以在不松开手柄的情况下控制麦克风（美国国防部供图）

舒适性，驾驶员座椅高度在一定范围内可随意升降。当舱门关闭时，驾驶员通过可调式潜望镜观察坦克外部情况。

车组乘员之间的通信是通过对讲系统完成的。坦克兵通信头盔（CVC）上装有扬声器，驾驶员按下头盔或换挡杆上的按钮即可以开始通话。

驾驶坦克的方法简单易学，被称为"操纵杆－油门控制"法，操纵杆是一个和摩托车车把类似的T形把手，通过简单的左右手推拉操

**右图** 照片正中间是驾驶员刹车踏板。它的右边是驻车制动器，如图所示，此时坦克处于停车状态（美国国防部供图）

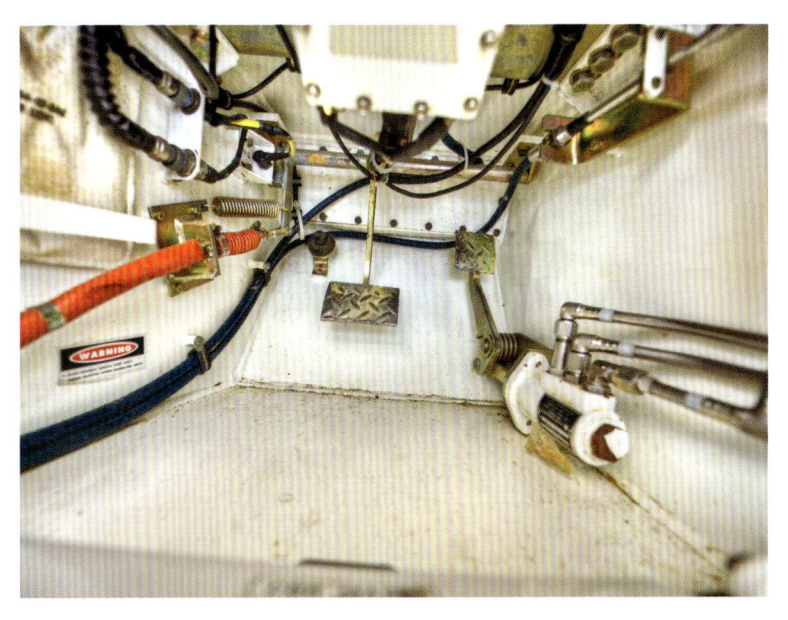

103

第四章 机动性：动力、通过性、操纵性和载重

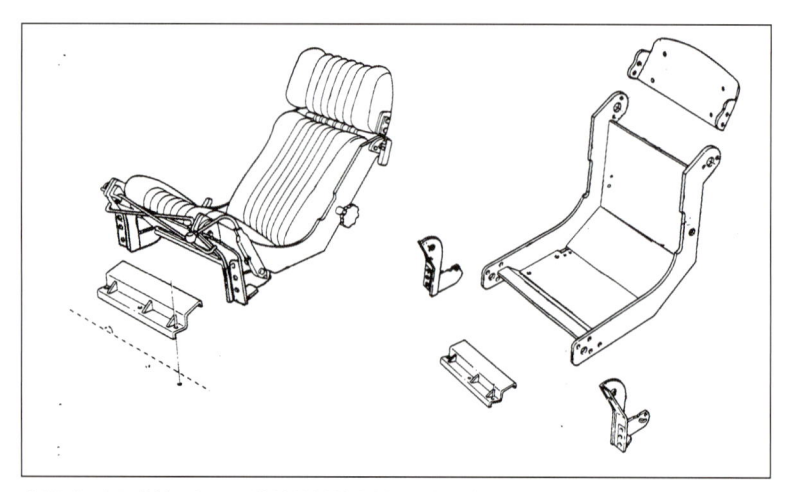

上图 驾驶员座椅最初采用传统的软垫座椅，可根据驾驶员舒适度进行调节。以现在的观念来看，这种与地板产生硬接触的安装方式并不安全，爆炸产生的能量会通过座椅传递给驾驶员。经过改进，现在的驾驶员座椅均采用帆布悬挂在车体顶部（美国国防部供图）

下图 M1A2 SEP 上新增了 1 台驾驶员综合显示仪，图中所示驾驶员综合显示仪位于驾驶员座椅的左侧（美国国防部供图）

作即可完成转向；同步转动把手上一个类似摩托车的油门转把，可以控制油门大小；把手上的换挡杆能够选择前进、空挡、后退三个挡位。把手位置可根据驾驶员身高和驾驶习惯来调整。当驾驶员离开坦克时，通常将它置于收起的位置。

驾驶员还负责控制驻车制动和行驶制动系统。驻车制动时踩下地板右侧的脚踏板，释放手动操纵杆。行驶制动时则要踩下位于地板中央一个较大的脚踏板，需要单脚或双脚控制。

除驾驶坦克，驾驶员主要负责监控坦克车体上各子系统的运行状态，包括发动机机油压力和温度、发动机转速、车速、灭火抑爆系统、变速器机油压力和温度、主电气系统电压、燃料消耗情况、液压系统状态、空气滤清器状态和机油滤清器状态等。驾驶员还负责控制坦克电源总开关、烟幕发生器、乘员暖风机、舱底泵、坦克大灯等设备，并在必要时转换主副油箱。

## 传动装置

**转**动油门转把，M1 系列坦克会展现出优异的加速性能，甚至可与一些轻型车辆相媲美。燃气涡轮发动机的加速性能比同等大小的柴油机要好。发动机输出的动力通过主变速箱最终传给主动轮。总之，传动装置可以将约 63.5 吨的 M1 坦克在 7 秒内从 0 加速到约每小时 32.2 千米。官方公布的最高时速约为 72.4 千米，在光滑平坦的地面上，其时速可以超过 88.5 千米。

M1 坦克装有底特律柴油机公司阿里逊分公司生产的 X-1100 变速箱（现为 X-1100-3B），主要有 3 个功能：改变车辆前进和后退速度、转向和制动。

该变速箱为液力机械式自动变速箱，设有 4 个前进挡、2 个倒挡和 1 个空挡，并能分别控制左右履带实施中心转向。驾驶员的操纵杆可选择 5 种驾驶方式："D"表示正常向前行驶；"L"表示低挡前进行驶；"R"表示倒车；"N"表示空挡或无挡位选择；"PVT"表示中心转向。选择"PVT"后，坦克一条履带向前，另一条履带等速向后。当电路系统失灵，为保证安全，变速箱将以原定设置运行，直到发动机关闭，同时变速箱将自动切换到空挡。

传动装置在向主动轮输出动力的过程中，可通过液压泵实现转向、空挡或中心转向和液压辅助制动。在传动装置内部，通过控制传递到坦克一侧履带上的动力，使得一侧速度低于另一侧，从而实现自动转向。发动机出现故障时，在行驶速度不小于每小时约 4.8 千米的情况下，驾驶员仍然可以操纵坦克。

驾驶员踩下制动踏板后，制动踏板上的压力首先转化为电信号，通过连接到传动轴上的电缆，激活液压制动器工作，完成制动。驻车制动器通过液压缸与左右制动器啮合。发动机出现故障时，尽管反应速度会变慢，但制动仍然有效。在必要的情况下，驻车制动器可以用于紧急制动。

M1系列坦克装备的变速箱重量约为1950.4千克，它将发动机1103.2千瓦的动力和3728.5牛·米的扭矩从燃气轮机的后部传递到两边的主动轮。主动轮再通过安装在其轮毂上的齿圈将动力传输到履带。每个轮毂均由钢铸成，重约172.4千克，可承受约157 275牛·米的扭矩。

据一些美军士兵反映，早期M1系列坦克的发动机并不限速，这样在极特殊情况下会引发非常严重的事故，当主动轮轮毂上的齿圈螺栓无法承受巨大的扭矩，在剪切力的作用下发生断裂时，会使坦克履带掉落，导致坦克整体翻转倾覆。据一名士兵回忆，一辆M1在行驶过程中一侧的主动轮齿圈螺栓被扭矩剪断，引发了所谓的"履带断开"效应，坦克另一侧履带突然加速，整个坦克绕着断裂履带一侧原地高速打转，最终导致坦克翻车。坦克炮塔着地滑下斜坡，车组乘员在坦克里被困了几个小时，最后被一辆抢救车拖上了斜坡。

## 行动装置

M1坦克依靠两侧的履带行走，每条履带上绕过7个负重轮，前部稍高位置有1个诱导轮，后面是2个托带轮和1个主动轮。除了最前面的负重轮间距稍宽，其他负重轮的间距都相同。可根据行驶路面的不同，调整前面诱导轮的相对位置，确保对履带施加适当的张力。

每个负重轮都由一个橡胶轮胎和一个重约10.9千克的铝制锻造轮毂组成。每个轮毂围绕各自负重轮中心轴旋转。

下图 这张从左前侧拍摄的M1A1车体正停在流水线上，等待整体重新装配成一辆全新的M1A2。可以看到左侧车体上用于安装扭杆的安装孔，3个较大的孔内分别各安装一根扭杆和一个减震器，而较小的孔仅安装一根扭杆。前面的圆形孔用于安装诱导轮，而后面的孔用于安装主动轮。2个管状凸起是2个托带轮的安装座（美国国防部供图）

下图 处理完毕的负重轮整齐地码放在一起，准备往车体上安装（美国国防部供图）

上图 M1A2 SEP 右侧的履带、主动轮和负重轮（美国国防部供图）

上图 卸下坦克后部的最后一块侧裙板，就可以看到整个主动轮（美国国防部供图）

右图 一辆正在组装的 M1A2 的主动轮（美国国防部供图）

上图 M1A2 SEP 左侧的诱导轮和负重轮（美国国防部供图）

下图 一辆即将交付的 M1A2 正在连接履带，图中所示为该坦克的诱导轮和负重轮（美国国防部供图）

下图 一个负重轮轮毂的 3/4 视图（美国国防部供图）

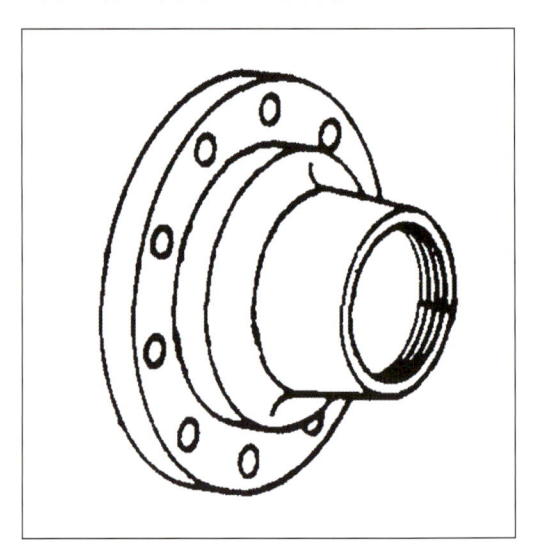

上图 一辆 M1A2 SEP 上的挂胶履带已经严重磨损（美国国防部供图）

上图 通常情况下，完成全部训练科目之后，需要对 M1 坦克进行行驶后保养。首先驾驶坦克通过专用的坦克清洗设施，这是纽约州北部德拉姆堡基地的装甲洗车台，它包括一个混凝土水池，坦克行驶在水池底部凹凸起伏的地面上，有助于清除行动装置表面附着的泥土石块。这辆 M1 坦克从水池驶出后，在出口坡道位置停了下来，士兵们用水枪冲洗行动装置。此时，另一辆 M1 坦克正从水池的另一端下水。从出口位置驶离后将行驶到一个检测站，在那里，工作人员将对行动装置进行全面清洁。然后，检查行动装置，从而决定是否需要进行相应的维护、修理或更换损坏的零部件（布鲁斯·奥利弗·纽瑟姆供图）

## 70吨重的大"雪橇"（威廉·墨菲）

在韩国和其他冬季被冰雪覆盖的道路上，驾驶坦克要比平时困难得多，尤其是在下坡转弯路段，简直就像是坐在 70 吨重的雪橇上。在韩国狭窄而蜿蜒的道路上，海拔落差很大，我们在那里遇到的险情比平时严重得多。有一次，我们排的 4 辆坦克刚从白谷里（Baekui-Ri）出发，沿着一条崎岖的山路行驶，旁边就是陡峭的峡谷，在一个下坡路段的 45°右转弯处，我们的坦克只差几厘米就要滑出路面。

在这种情况下，教科书上的建议是使外部履带反向运行，从而防止车体向外侧发生漂移。此外，控制坦克行驶速度、紧靠转弯处内侧行驶并轻踩刹车也是安全驾驶的方式。

右图 这辆美国海军陆战队的 M1A1 行驶在挪威里纳的一个训练场上，由于地面结冰，在拐弯处坦克开始打滑。2016 年 2 月 15 日，挪威著名的快速反应部队"铁勒玛营"在该训练场为美军提供了冬季作战指导（美国国防部供图）

107

第四章 机动性：动力、通过性、操纵性和载重

### 创纪录的更换履带（格雷格·沃尔顿）

1991年2月26日，临近黄昏时分，在阿尔布萨耶（Al Busayah）附近，自开战以来，我们第一次与伊拉克军队发生接触。我接到了侧翼坦克的紧急无线电通信，坐在D12号坦克里的上士甘特惊慌失措地报告说，他们的坦克可能压上了一枚未爆弹药，一条履带从负重轮上脱落，必须将履带断开并更换备用履带。

遇到这种情况，恐慌是在所难免的，但是我们还要按计划继续向前推进，希望D12号坦克排除故障后能尽快追上，希望车上的战友们不会被困在茫茫荒野中。我在地图上标记了故障坦克的位置，并将这一情况上报给营维修队，然后继续前进。

如果在平时，重新安装一条履带通常需要2~3个小时。但D12号坦克上的兄弟们竟然从换履带到赶上大部队，只用了不到1个小时，真不知道他们是怎么做到的。伴随着坦克的轰鸣声，电台里传来一声呼叫："红色11，我是红色12，我已入列！"听到这一消息，我如释重负。我们再次集合，朝着未知的艰险前进。

## 悬挂系统

**负**重轮安装在车体两侧的平衡肘上，平衡肘固定在穿过车体的扭杆上。平衡肘设有内花键，与扭杆末端的外花键相配合，扭杆另一端穿过车体后，固定在车体侧板内的固定器上。每根扭杆直径约7.62厘米，长213厘米，重约55.8千克。当它扭转65°时，扭杆将承受58 752牛·米的扭矩载荷。

由于扭杆通常处于紧绷状态，当它在平衡肘（平衡肘位于坦克负载和地面之间）的作用下发生扭曲时，任何腐蚀或直接撞击都可能导致扭杆开裂并最终折断。所以重约44.9千克的扭杆被一根厚2.286毫米、直径88.9毫米、长1.78米的铝管包裹，防止表面碰伤。铝管两端为扩口，以便往内放扭杆。

左图 这是一辆正在组装的M1A2，在连接履带之前，可以很清楚地看到其负重轮是固定在与扭杆连接的平衡肘上。注意图中的托带轮（美国国防部供图）

下图 尽管这辆M1A1行驶缓慢，但仍在身后扬起了大片灰尘，这些细小的杂质进入坦克内部，造成活动部件磨损。侧裙板和履带护板对于车辆前部起到了很好的防尘作用，却几乎无法阻挡后方的灰尘（格雷格·沃尔顿供图）

M1坦克每侧各有7个负重轮，其中的3个（第一、第二、第七负重轮）配有液压减震器。

## 车体大灯

在M1坦克的前端安装有2个前大灯组件。每个组件由钢铸成，重约3千克。它包含1个主前大灯和1个较小的防空灯。

## 夜视功能

### 红外夜视仪

在M60A3之前，美国M60系列坦克就已经配备了用于车长、炮手和驾驶员的被动式红外（IR）图像增强系统。使用红外探照灯，坦克车组人员无须使用可见光源即可在夜间作业。

### 红外热像仪

M1和M1A1为炮手提供了一套热成像系统（TIS），该系统与车长瞄准镜相连。车长可以看到炮手主瞄准镜（GPS）搜索到的目标，但车长自己不能控制。M1A2为车长提供了一个单独的热成像系统——车长独立热像仪。通过这一系统，炮手和车长可以同时观察不同目标。驾驶员还配备了一个红外夜视仪，在黑暗条件下帮助驾驶。

热像仪依赖于较窄范围的红外光谱，将物体表面的不同温度用不同颜色代表，形成热像图。因此，它可以在没有可见光或主动红外照明的情况下工作。只要目标与背景之间存在一定的温差，并且中间无阻尼材料遮挡，热像仪就可以准确分辨目标轮廓特征。

在1991年的海湾战争中，使用热成像系统的美军坦克能够在弱光条件下执行作战任务，将夜战距离拓宽到3000米。而伊拉克人只装备了苏联的白光瞄准镜，在相同的射程范围内无法准确地识别目标，与美军交战过程中完全不占优势。

但是，热像仪的缺点也很明显。它的分辨率通常低于主动照射的红外图像的分辨率。此外，热信号可以被人为抑制。现在，大多数坦克的发动机舱均已实现隔热处理，以减少其热信号的强度。

隔热材料可以掩盖装备内部的热信号，因此坦克可以像躲避可见光照射一样躲开对手的热成像仪。例如，在丛林或城市地区，利用恶劣的天气或产生适当类型的烟雾，可有效防止热成像侦察。热像仪可以穿透薄雾和雨水，但无法在大雾（雾中悬浮的水滴以不可预知的方式折射光线）天气下使用。热像仪可以穿透大多数类型的战场烟雾，但现代部队可通过施放化学烟雾，以掩盖红外信号。

热像仪的镜头非常昂贵，而且还容易被指甲、灰尘或沙子损坏，因此在不使用时通常会

**下图** 这两张图像来自火炮热成像系统（美国国防部供图）

左图 2009 年 11 月 3 日至 4 日夜间，来自第 3 步兵师第 15 保障旅 2025 运输连的重装运输车，准备将 M1A2 SEP TUSK 从斯佩泽尔应急作战基地运送到伊拉克塔吉前方作战基地（美国国防部供图）

用防护罩进行遮盖。

## 战略机动性

**战**略机动性本质上是坦克在作战前尽可能高效地到达战场的能力。

战略机动性可以分为坦克到达战场的机动能力（可以通过速度、两次加油之间车辆的行程、两次故障之间的车辆里程和其他可靠性与可持续性等指标来衡量）和投送轻便性（通常

左图 2008 年 1 月 11 日，由于下雨，道路泥泞，在伊拉克穆里巡逻基地外的一个拐弯处，一辆重装运输车滑出了路面。驾驶室后面高高竖起的是电子对抗装置。重装运输车在非硬化路面上行驶风险很大，照片中可以看到事故车辆巨大的驾驶室和挂车（美国国防部供图）

### 渡河事故（威廉·墨菲）

M1 坦克的最大涉水深度约为 1.2 米。当驾驶员在这一深度的水中驾驶坦克时，稍有不慎就会出现意想不到的情况。1991 年 3 月在韩国原州市举行的"团队精神"联合军事演习期间，我们的坦克在穿过一片水域时，速度稍微有点快，导致河水涌上驾驶舱前边缘，并灌进驾驶室。我们倒霉的驾驶员就泡在冰冷的水中，一边尖叫，一边又继续开了差不多 15 分钟才将坦克开上岸。车组乘员开着玩笑帮他换了衣服并擦干驾驶室。这次事故对其他车组来说也是一次警示，包括 1 营在内的其他部队的坦克乘员很快就吸取了这一教训。

左图 一辆安装有通用遥控武器站的 M1A2 正在渡河。为了防止进水，驾驶员关闭了驾驶舱盖（美国国防部供图）

右图 从另一个角度拍摄的照片中，可以看到运输车上装载的一辆 M1A1 TUSK 从挂车上滑向了路边的护坡（美国国防部供图）

右图 1996 年，第 3 步兵师第 7 骑兵团 3 营的 M1A1 固定在铁路平车上，从斯图尔特堡向佐治亚州萨凡纳进行铁路机动（美国国防部供图）

是指由火车、轮船、飞机和运输车等工具进行运输时的难易程度）。投送便携性主要受坦克的重量和外部尺寸的限制。

为了降低高度，可以将坦克通信天线从与车体结合的底部拧下，并且可以向下折叠横风传感器。此外，车长武器站和装填手武器站也均可以被拆除。

M1 系列坦克可以通过 M1070 重型装备运输车（HET）进行运输。在实际操作中，有时会用一辆 M1070 牵引另一辆发生故障的载有坦克的 M1070，总负载远远超过 90 吨。

"黄蜂"级两栖攻击舰（LHD）最多可运送 5 辆坦克，通过气垫登陆艇（LCAC）一次运送一辆上岸。

右图 在美军铁路装载训练中，一辆 M1A1 被紧固到铁路平车上（美国国防部供图）

右图 20 世纪 90 年代，停靠在萨凡纳港的美国海军"舒格哈特"号大型中速滚装船上，几辆隶属于第 3 步兵师的 M1A1 被固定在装备舱内。"舒格哈特"号的内部可以容纳 58 辆坦克、48 辆轻型履带车辆外加 900 辆轮式车辆（美国国防部供图）

111

第四章 机动性：动力、通过性、操纵性和载重

右1图 另一辆来自第3机械化步兵师的M1A1正倒车进入美国海军海上预置舰"舒格哈特"号上的停靠位置（美国国防部供图）

右2图 如果装载位置没有可供行驶的斜坡，坦克必须由吊车卸载。吊装过程中，后部储物箱应与坦克主炮固定在一起（美国国防部供图）

左下图 2006年，一辆M1A1正被装载到C-17"环球霸王"III运输机上。一架C-5银河运输机可以运载2辆战斗状态的M1，而C-17运输机只能运载1辆（美国国防部供图）

右下图 从C-17运输机装备舱前部向机尾方向看到的M1A1（美国国防部供图）

M1 系列坦克自身无法提供足以在水上机动的浮力，其履带以上的部位不适合涉水机动。1975 年 9 月，为了能够由美国海军两栖舰艇运载并登陆，美国海军陆战队对 M1 提出了加装车辆导航辅助装置和深水涉水套件的需求，为此工业部门专门为美国海军陆战队研制了深水涉水套件（DWFK）。但最终，美国海军陆战队还是选择 M1A1（美国国防部供图）

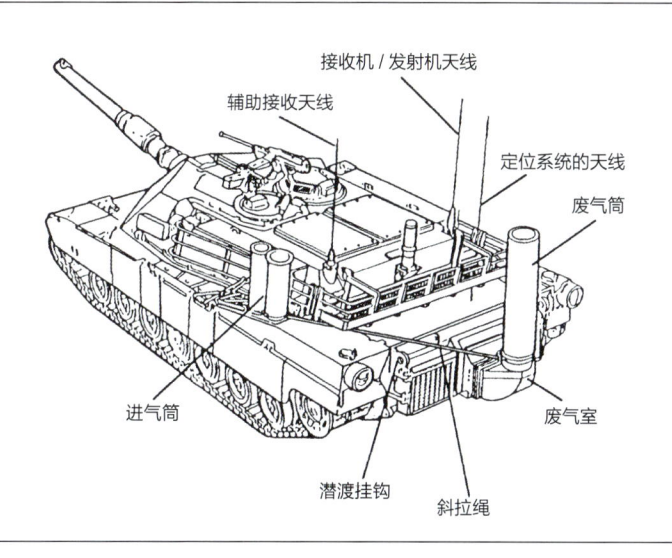

接收机 / 发射机天线
辅助接收天线
定位系统的天线
废气筒
废气室
斜拉绳
潜渡挂钩
进气筒

左图 一辆解除空运紧固装置的 M1A1 从 C-17 运输机上缓缓驶离（美国国防部供图）

左图 一辆来自乔治亚州斯图尔特堡 HHC 3-69 军械库的 M1A1，正驶入南卡罗来纳州查尔斯顿空军基地第 14 空运中队 1 架 C-17"环球霸王"Ⅲ型运输机的货舱。作为 1998 年 1 月联合特遣部队演习的一部分，这辆 M1A1 当时刚从乔治亚州的亨特陆军机场空运到北卡罗来纳州的麦考尔机场（美国国防部供图）

113

第四章 机动性：动力、通过性、操纵性和载重

右图 在伊拉克某训练场，美国海军陆战队一辆锈迹斑斑的 M1A1 训练结束后回到了停放位置，该坦克安装有深水涉水套件（美国国防部供图）

下图 在加利福尼亚州彭德尔顿营红沙滩举行的"核心闪击"演习中，一辆装有深水涉水套件和扫雷犁系统的 M1A1 正在进行两栖突击演练。"核心闪击"演习是海军陆战队（MARDIV）第 1 远征军和海军陆战队第 1 师第 3 两栖大队每两年举行一次的舰队训练演习，这 2 支部队均隶属于美军第 3 舰队。图中左边是一辆 M9 装甲战斗推土车（ACE），右边是一辆 AAVP-7A1 两栖突击车（美国国防部供图）

左图 美国海军陆战队这辆装有深水涉水套件的 M1A1 正在沿着加利福尼亚州彭德尔顿营的白沙滩行驶，即将装载到 1 艘气垫登陆艇上（美国国防部供图）

左图 1997年6月，在美军"核心闪击"演习中，海军陆战队一辆装有深水涉水套件的M1A1已做好装载准备，即将通过第5突击登陆艇部队的"DET BRAVO"号气垫登陆艇，运回到隶属于加利福尼亚州彭德尔顿兵营白沙滩的"康斯托克"（LSD-45）号两栖船坞登陆舰上（美国国防部供图）

左图 当坦克倒回甲板上时，这艘气垫登陆艇看起来很宽敞，还可以容纳很多其他物资装备。但是事实上这种气垫登陆艇的额定载荷只有60吨（紧急情况下也只能运载75吨的重量），因此只能容纳一辆主战坦克。在装载一辆坦克的情况下，气垫登陆艇的航速可以达到74.1千米/时（美国国防部供图）

## 运输M1坦克（格雷格·沃尔顿）

第二次世界大战刚结束后的一段时间，在德国的街道和高速公路上经常可以看到驶过的坦克。与之相比，67吨重的M1A1要进行编队机动则不是一件容易的事，需要进行周密的计划和部署。我们经常听说某栋古老建筑在两次世界大战中幸免于难，但却没能躲过一位18岁坦克驾驶员的横冲直撞。当遇到这些意外，我们会给当地居民一些经济补偿，而坦克的损失往往微不足道，磕碰的地方补补油漆了事。有这样一个真实的案例，一辆飞速行驶的梅赛德斯轿车试图从侧方插到两辆坦克之间，由于没有控制好车速和车距，重重地挤在了一辆坦克的尾部，那辆坦克直到后车车长用无线电通知才知道有辆汽车卡在他们车体上。

为了在霍恩费尔茨（Hohenfels）或格拉芬沃尔（Grafenwohr）训练，大多数部队的坦克会被运到当地铁路装载站，在那里装车。对于铁路平板来说，M1A1超宽，无法按正常要求运输，但只要指挥和驾驶配合得当，坦克仍旧可以以板车为中心停放，只是两边会有几英寸的悬空。起运前，坦克需要接受弹药检查，所有外部天线都要被拆除。有传言说天线一旦触碰到高压线，坦克及其周围一切将立即被巨大的电流摧毁。

1990年，部署到沙特阿拉伯的德国部队将坦克从基地机动到铁路装载站，然后用火车转运至不来梅哈芬港。在那里，坦克被装载在巨大的滚装船上，驶向沙特阿拉伯的达曼港。

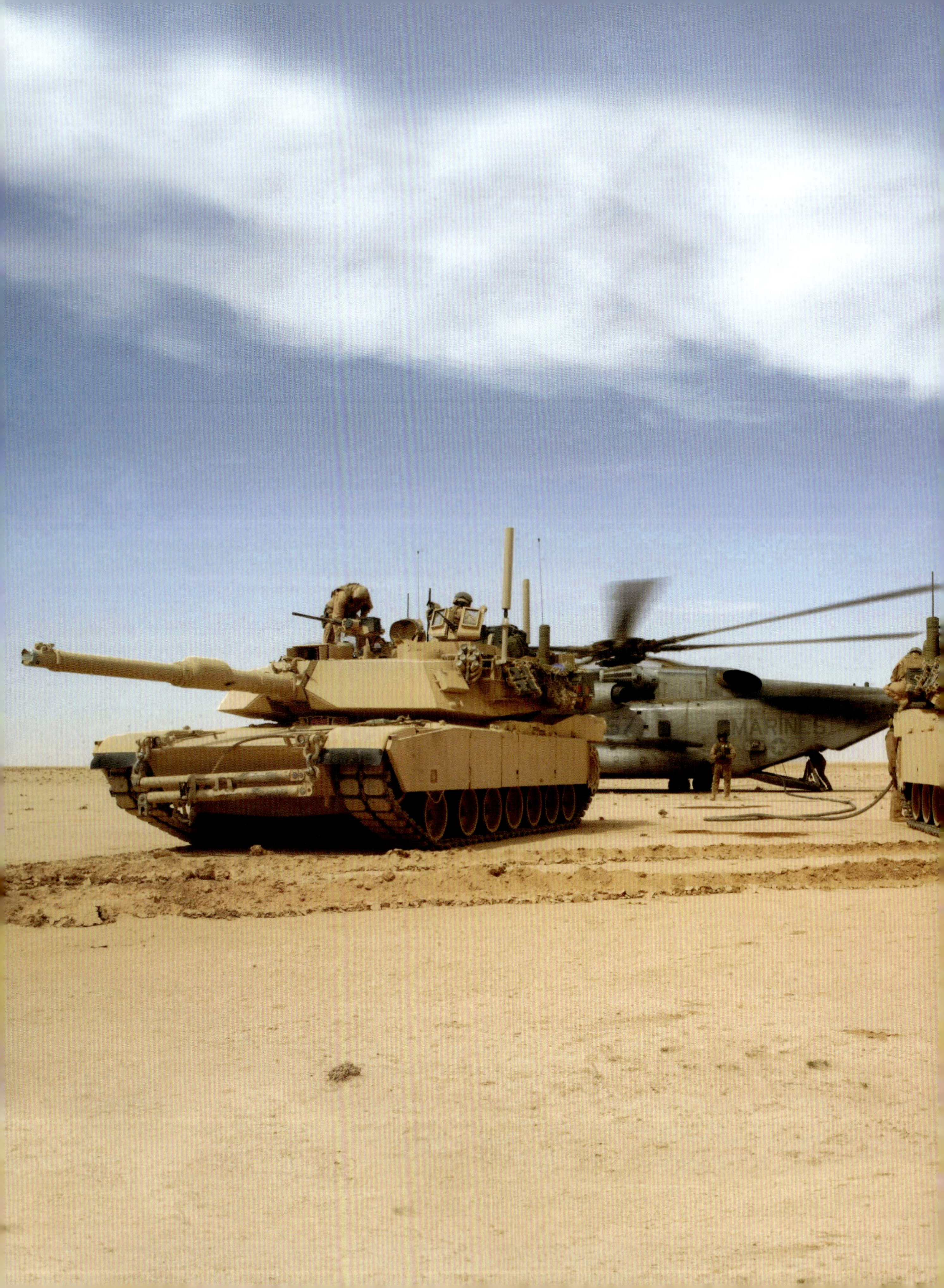
MARINES

第五章

# 军事行动与服役经历

M1 系列坦克于 1980 年开始列装，并可能一直服役到 2040 年。冷战时期欧洲两大阵营的对峙、1990 年至 1991 年的海湾战争、20 世纪 90 年代前南斯拉夫"维和行动"、2003 年伊拉克战争及其后至 2011 年期间进驻伊拉克、2010 年至 2012 年阿富汗战争，紧随美军脚步，M1 系列坦克四处出击。自 2014 年以来，它又被部署到欧洲。除美国，还有 6 个国家的军队也购买了 M1 系列坦克。

**插图** 2008 年 4 月，在伊拉克安巴尔省，一架美国海军陆战队第 361 重型直升机中队的 CH-53E "超级种马"直升机正在给海军陆战队第 4 师第 4 坦克营 D 连的 2 辆 M1A1 进行加油（美国国防部供图）

左图 在 1984 年"返德者"军演的先锋突击阶段,第 2 装甲师第 1 老虎旅的 1 名士兵正指挥一辆 M1 坦克驶出车库。这是美军的"前沿战略预置"快速部署解决方案提出以来,第一辆从德国预置点投入使用的 M1 坦克(美国国防部供图)

## 1980年至1990年冷战时期

从 1980 年起,美国陆军在美国和德国同时部署 M1 和 M60A3。在巅峰时期,北约在德国部署了约 6000 辆坦克 [ 超过 20 个装甲师(AD)],其中约 1200 辆坦克(超过 4 个装甲师)来自美国陆军。与此同时,美国的坦克编队以美国大陆和韩国为基地轮换进行多边演习。直到 1991 年冷战结束为止,尽管隶属于不同单位,M1 系列坦克实际上一直与 M60A3 并肩作战。M60A3 直到 1997 年才从美国陆军退役,2005 年才从美国海军陆战队退役。

左图 1984 年,在德国举行的"返德者"军演总结阶段,美军士兵指挥一辆 M1 驶下铁路平车,进行维护保养后重新收入"前沿战略预置"装备库(美国国防部供图)

右图 1998 年 10 月 25 日,来自第 7 骑兵团 4 营 C 连的一辆 M1A1 驶向韩国训练中心的实弹射击训练场(美国国防部供图)

## 格雷格·沃尔顿与M1A1一起在德国驻扎的经历

1990年夏天，我们抵达德国的时候，还没有听到任何关于伊拉克局势日益恶化的消息。

位于德国埃尔兰根东部与纽伦堡北部接壤地区的营地驻扎了3个坦克营（第35装甲团1营和第70装甲团2营、4营）和1个步兵营（第1装甲师第6步兵团2营）。我被分配到2营，所在排有15名士兵和4辆M1A1。士兵驻扎的营地是在一座建于20世纪初的德国装甲车营地的基础上翻新的。第二次世界大战期间，第25装甲团曾经驻扎在这里。兵营和办公楼都是由原来骡马牵引炮部队使用的建筑改建而成，街道保留了原来的鹅卵石路面。有谣传，此地有德国国防军地下掩体和秘密通道，指挥部出面辟谣，但禁止士兵进入这些地方。事实上营地确实有地下装备停放场和配套的维护设施，但自从1945年以来，这些设施就被关闭了，据传闻是因为这里曾被洪水淹过而且还曾设有各种陷阱。

我们的坦克停放在一个现代化的装备库房里，装备场距离营区办公室很近，可以步行来往。

日常工作非常枯燥，除了出早操，吃完早饭后我们要在装备场待一天，对坦克进行保养。坦克必须时刻处于战备状态，接受检查并做好立即部署的准备。一旦部署，我们需要先去一个偏远的弹药补给点补充弹药，然后再机动到埃尔兰根东北部的既定防御阵地。

我们在基地会进行坦克乘员演习和一些排级的战术训练，但是基地太小了，坦克无法移动。坦尼洛赫（Tennenlohe）是埃尔兰根东南部的一片小树林，在这里坦克排可以进行小规模机动演习。至于更大规模的营、连级训练都被安排在了两个历史悠久的训练场：格拉芬沃尔军事基地用于坦克射击训练，霍恩费尔茨军事基地用于坦克编队机动训练。这两个基地在50年前曾是纳粹德国军队的训练场。

情报科负责标绘地图、分配无线电频率和呼号。弹药都储存在附近的掩体内，远离居民区。大多数士兵平时都住在营地，已婚士兵、军士长和军官可以住在营区附近，但如果出现紧急情况，他们都必须立即归队。

在没有手机和寻呼机的年代，部队作战警报是一个遍布整个社区的有线电话通信网络。那些警报响起而没有及时接听电话的军人就要遭殃了。只有高级官员才知道这次是真的警报还是仅仅是演习。不过，大多数人都不相信会有真正的作战行动——毕竟，柏林墙已经倒塌，德国正再次成为一个整体。尽管如此，在午夜到凌晨4点之间，我们的电话会一再响起，电话那头会有人命令你"全速前进！（Lariat Advance！）"。整个地区的灯都会亮起来，军人们冲入营区，开始紧急装载及部署流程。通常情况下，演习会在早餐前宣布取消，但有时部队会机动到弹药供应点或更远的地方。1990年夏末，随着海湾战争的临近，我们拉响了最后一次作战警报，从此这一冷战时期的习惯性做法宣告结束，同时也标志着一个时代的终结。

## 1992年夏天，帕特里克·克恩所在部队在加利福尼亚州欧文堡国家训练中心的对抗演习中获胜

我们还活着！在我的左翼，蓝色3号和蓝色4号成标准的楔形队形退出了演习。我们成功地穿越了"鲸鱼"脊，并且清除了南面的目标，现在正在搜寻谷底。在远处，我可以看到残存的T72坦克和BMP步兵战车从弗林岭以西的主阵地撤退时扬起的漫天沙尘。

"长官，我们还没死吗？"我的炮长汉克斯中士（Sgt）从我脚下狭窄的座位上艰难地仰起头看着我。我双手搭着车长机枪，背靠舱门，低头看着他。

"是的，是的，我们没死！"我上气不接下气回答道，浑身上下沾满了几周来的汗水、机油、JP8燃料和樱桃饮料。

"我们现在该怎么办？"

"我也不知道，我们从来没有在对抗演习中走这么远。"我通过无线电向C连洛克连长报告了情况。令人惊讶的是，他和其他几个来自红军和白军排的M1A1坦克和"布拉德利"战车仍然具有执行全部任务的能力。他紧跟在我们坦克后面，大叫着"前进、前进、前进！"

"敌方"摩托化步兵团已经被击溃，我们现在要清理残余部队，目标是他们的炮兵阵地。从早上6点左右越过出发线（LD），靠着肾上腺素和咖啡因，我们一直处于亢奋状态。由于没有遇到任何预设的检查站或是"敌方"目标，也没有见到演习场边界，我们就一直向南开进，寻找我们120毫米滑膛炮可以摧毁的目标。

远处，一辆美国"悍马"在沙漠地面上疾驰而来。司机疯狂挥手示意我们下车。好吧，我们终于明白，在异国土地上与敌方摩托化步兵团作战的演习结束了。当时的情况是，在加州这块训练场上，从对抗演习一开始，我们就以最快的速度击败了假想敌部队（OFFOR）。然后，我们驶入了一片地图上没有标记的区域，后来得知，这是一块为濒临灭绝的沙漠龟专设的自然保护区，"悍马"中那位愤怒的中士就是来护送我们离开的。我们的战斗结束了，但是我们的装甲旅[这是由第67装甲团3营特遣部队和第41步兵团3营特遣部队（TF）组成的]刚刚做了多年来没有一个旅做过的事情——成功地摧毁了"鲸鱼"脊和"鲸鱼"隙一带的假想敌部队。

没有部队能在国家训练中心（NTC）的对抗演习中获胜，因为国家训练中心的设立初衷并不是让你赢得演习。陆军对假想敌部队进行了专业的训练，目的就是为了让在国家训练中心中轮换的参演部队感受到实战环境，输掉所有5种典型样式的对抗作战，包括遭遇战、预有准备的进攻、仓促进攻、反侦察行动和有准备的防卫行动。这里的假想敌部队每次对抗都能击溃蓝军部队的优势装备。在1992年和1993年的两次演习中，我乘坐的M1A1被击中过9次，被包括火炮、BMP步兵战车、T72坦克、米-24武装直升机和"萨格尔"反坦克导弹在内的所有武器"打死过"。

在遭遇战开始之前的几天，你只能靠咖啡因度日，根本没法睡觉。从早到晚无休止地工作、研究地图、进行沙盘推演、检修M1A1，结果却被集结地域的火炮模拟器击毙，这样一来演习观察协调员就可以评估军士长（1SG）和中士在没有连队指挥官指导情况下的表现。

在一次预有准备的进攻中，我们整个连队14辆M1A1和"布雷德利"战车在45秒内被全部摧毁。因为在突破阿尔法山口和喝彩山口之间的一个障碍地带时，我们的侧翼暴露给了一个隐蔽在掩体中的敌方坦克连。当时我们的遭遇都不能用令人沮丧来形容了。

与在胜利中总结的经验相比，失败带给我们的警醒更容易记忆深刻。所以，美国国家训练中心是为蓝军部队在失败中总结教训而组建的。训练有素的假想敌部队会最大限度地利用他们的劣势装备和熟悉的地形。T72坦克的最大有效射程是1800米，M1A1的最大有效射程是2400米——然而，除非你在其有效射程范围内，否则假想敌部队永远不会让你找到射击的机会。假想敌部队可以利用被冲毁的河床作为

公路，在不被发现的沙漠地面上快速机动，绕过设置的铁丝网和雷区，集中全部火力攻击防御薄弱的侧翼。

话虽如此，但没有人去美国国家训练中心是为了输掉演习。毕竟，自己花费了几个月的时间在进行连排战术、营野战演习、坦克射击等训练，并研究苏联军队战术和国家训练中心的地图和地形特征。直到今天，我仍然记得陆军对地形特征的可笑昵称——波特波蒂河谷、约翰韦恩山口、巧克力片、赛马场和"鲸鱼"脊。

回到战场。1992年夏天，我还是第1骑兵师第67装甲团3营C连3排M1A1排排长。在营特遣部队的战斗队形中，我带领的排是连队的先头排，而我们连队有幸成为营的先头连。这意味着我乘坐的M1A1将行驶在整个600人特遣部队的最前面，这对于我这样一名22岁的少尉来说是一个莫大的荣耀。

不过同时，我面临的残酷现实是，我和我的3名车组乘员可能会最先"阵亡"。3旅指挥部准备应对假想敌"克拉斯诺维亚"摩托化步兵团发动的阵地进攻，而我所在的C连几天前已经在仓促构筑的阵地上开始执行反侦察任务。假想敌部队隐蔽在"鲸鱼"脊、"鲸鱼"隙和弗隆山脊一带，他们设置了强大的铁丝网障碍物和雷场，并配有重型火炮，可以在发现敌情后，立即进行大规模的炮火覆盖。蓝军部队和假想敌部队都派出了轮式和徒步的侦察分队，试图找出对方的作战意图和防御薄弱点。

3排的任务是及时发现并摧毁假想敌侦察分队乘坐的BRDM装甲侦察车或是BMP步兵战车。西伯利亚是国家训练中心平坦沙漠中的一片区域。沙漠东侧是波特波蒂河谷（一大片装满旧武器的干旱河谷）。我们的东面是"巧克力片"（一条布满黑色熔岩的锯齿状棕色山脉，外形酷似巧克力片）。从我们所处位置往南，穿过10到15千米的空旷沙漠，隐约可见一段高大的鲸鱼状山脉横亘在山谷底部，这就是"鲸鱼"脊。在它的西面有一个很窄的缺口，再往西就是车辆无法通行的弗隆山脊。这里的地形很像电影《指环王》三部曲中的

上图 1992年，在加利福尼亚州欧文堡国家训练中心举行的演习中，美国陆军第1骑兵师第67装甲团3营特遣部队成员形成防御态势（帕特里克·克恩供图）

场景——被巨魔控制开合的缝隙里藏着的一扇黑门。

简单来说，我们旅的计划是，一支特遣部队进攻"鲸鱼"隙，而另一支特遣部队全力登上并翻越"鲸鱼"脊，直插防御部队在"鲸鱼"隙的侧翼。毫无悬念，从过去10天里我们前四次战斗的结果几乎可以确定，我们排的M1A1将会变成4堆冒着烟的金属废墟。当然，在演习中战损坦克只是由顶部闪烁的黄色灯

下图 1992年，在美国国家训练中心演习期间，第67装甲团3营C连的坦克正穿越沙漠（帕特里克·克恩供图）

121

第五章 军事行动与服役经历

光、指向后装甲板的炮管和释放的烟幕弹来表示。我已经在"赛马场"和"C-130坠毁山"等地亲身体验过这种经历，我的炮长很不幸被判定战伤，并通过伤员撤离系统后送治疗。我们虽然很无奈，但还是把他的伤亡模拟卡填好了，这是多功能综合激光交战系统（MILES）中标明伤员受伤部位和程度的一张卡片，我们在上面写着：该士兵的自尊心受到严重伤害。

那天早晨，我们驾驶着仅剩的3辆坦克，于凌晨时分越过了出发线。我的僚车"蓝色2号"在铁路机动途中，涡轮上更换了1个零件，已经瘫痪。排长乘坐的"蓝色4号"坦克和他的僚车"蓝色3号"在我的侧翼组成3车楔形队形。像往常一样，我们都以为这次战斗很快就会结束，所以大家都没有吃早饭，就等着被击毁后，在自己"燃烧的残骸"上吃一顿单兵自热食品。但是，今天不一样。

我按了一下坦克兵通信头盔上的麦克风，长时间接听无线电引起的头疼再次袭来，例行汇报："洛克六世，我是'蓝色1号'，情况LD（代表我已通过进攻出发线），时间现在，情况CM（代表继续执行任务），完毕！"

就像坐在可怕的过山车里一样，我乘坐的M1A1坦克沿着"鲸鱼"脊上的一条坦克小道笔直爬升，看上去现在的爬坡角度已经到了这个60吨庞然大物的极限，可以听见负重轮绷紧后从齿缝里发出的愤怒的叮当声。在我身后，整个连队排成一路纵队，有M1A1坦克、"布雷德利"战车、炮兵观察员的火力支援车（FIST-V）和一辆M88装甲抢救车。在我的侧翼，来自特遣部队的其他装甲连正慢慢地爬上各自的坦克道。不知道什么原因，特遣部队以最少的人员伤亡越过了开阔的山谷。途中我们没有遇到任何抵抗，只是遇到了一些闪烁黄灯的"战损"的BMP步兵战车和T72坦克。连队的无线通信网内大家都在闲聊，没有人报告有直接接触。

咣当，咣当，咣当——我们继续向上爬。在现有的爬坡角度根本没法转向，径直向前是唯一安全的选择。情况就像过山车一样，到达山顶然后突然下降。在我们面前是一条破旧的、笔直向下延伸的车辙路。我用无线电通知"蓝色3号"和"蓝色4号"，注意保持车距——我可不希望后方60吨重的坦克被前车掀起的沙尘暴遮挡视线，发生追尾。

"驾驶员继续前进"，随着一阵短促的爆燃声，发动机已经不堪重负。当我们沿着坡道快速下山时，遇到了一个假想敌的步兵掩体。我用车长机枪朝着掩体猛烈射击，并很快通过这一路段。我用无线电通知"蓝色3号"，让他下来的路上顺便把掩体压碎。

我们到达了"鲸鱼"脊西侧的平坦谷地，这里已经深入到了假想敌的后方。我们的兄弟部队，另一支特遣部队已经变成了"鲸鱼"陈和"弗隆"山脊上一堆燃烧的金属残骸。尽管他们的伤亡比例达到80%~90%，却成功地吸引了假想敌的注意力，让旅的主力顺利通过"鲸鱼"脊。这绝对是一场酣畅淋漓的胜利，感觉太棒了，我们必须美美地睡上一觉。

下图 1992年在美国国家训练中心演习期间的一支假想敌部队乘坐的由M551"谢里登"坦克扮演的BMP步兵战车（帕特里克·克恩供图）

## 1990年至1991年海湾战争

在海湾战争期间，美国共部署了1178辆M1A1和594辆M1A1 HA，总数达到了1772辆。此外，还有528辆M1或M1A1作为战备车被安置在预制舰上，这样算下来，整个战区实际上共有2300辆M1系列坦克。

美国陆军部署了1526辆M1A1和M1A1 HA，没有部署其他类型的主战坦克。美国海军陆战队则部署了16辆M1A1、60辆M1A1 HA（这还是美国陆军借给海军陆战队的）和210辆加挂反应装甲的M60A1 R/P。装备有170辆M1A1的美国陆军第1旅老虎旅从第2装甲师被借调给了海军陆战队第1远征军，以补充美国海军陆战队在战区仅有的两个装备M1系列的坦克营。美国海军陆战队在战区的其他部队装备的都是M60A1 R/P。战争中装备的M1系列坦克数量参考表2。

在整个海湾战争期间，战损的M1A1坦克仅有23辆，其中14辆损坏，9辆被摧毁（其中7辆毁于友军误击，2辆淤陷后为防止被缴获，被乘员自行破坏）。其他战争中美国陆军坦克乘员的伤亡情况参考表3。

上图 1991年2月27日至28日，美军M1A1集群在一辆火力支援车的伴随下向伊拉克进发（格雷格·沃尔顿）

表2　1991年美国陆军和海军陆战队在海湾战争中装备的M1系列坦克数量　　　　　　　　　　　　　　　　（单位：辆）

| 军 | 师 | 旅 | 团 | 营 | 坦克数量 |
|---|---|---|---|---|---|
| 陆军第18空降军 | 第24步兵师 | | | | 216 |
| | | | 第3装甲骑兵团 | | 123 |
| 陆军第7集团军 | 第1装甲师 | | | | 330 |
| | 第3装甲师 | | | | 308 |
| | 第1骑兵师 | | | | 240 |
| | 第1步兵师 | 第1步兵旅 | | | 110 |
| | | 第2步兵旅 | | | 116 |
| | | | 第2装甲骑兵团 | | 116 |
| 海军陆战队第1远征军 | | 第1陆战远征旅 | | | 170 |
| | | | | 第2步兵营 | 62 |
| | | | | 第4步兵营 | 14 |

表3　1991年美国陆军坦克乘员在科威特和伊拉克战争中的伤亡情况　　　　　　　　　　　　　　　　（单位：人）

| 所属单位 | 阵亡人数 | 受伤人数 |
|---|---|---|
| 第1装甲师 | 4 | 56 |
| 第3装甲师 | 7 | 27 |
| 第1步兵师 | 21 | 67 |
| 第1骑兵师 | 4 | 14 |
| 第2骑兵师 | 3 | 16 |
| 总计 | 39 | 180 |

右图 1991年1月，在沙特阿拉伯达曼港口待命的M1坦克（格雷格·沃尔顿供图）

## 格雷格·沃尔顿的沙特阿拉伯部署回忆录

### 抵达沙特阿拉伯

1991年元旦那天，我们从德国乘美国空军飞机抵达沙特阿拉伯东部边境的阿尔霍巴尔（Al-Khobar）。刚到达机场，我与其他排长一道立即被送往达曼港，寻找从德国不来梅港海运来的坦克。港口一片混乱，到处都是美军车辆，路障和安全检查站导致每个人都被耽搁了很长时间。目力所及的范围内停满了密密麻麻的坦克，同时我们的车辆和设备正从滚装船上开下来。

设备被卸载并转移到一个编组区域。在以港口临时搭建的维修车间内，承包商匆忙地在炮塔前方加上装甲板，并将坦克涂成棕褐色。

我们的后勤官员和军士经过多方努力，最后帮我们协调到一辆巴基斯坦司机驾驶的重型装备运输车。我们坐在大巴车上，沿着沙特阿拉伯北部的主要高速公路——塔普线公路（Tap Line Road）驶进沙漠。

右图 1991年1月，集结在沙特阿拉伯达曼的M1坦克（格雷格·沃尔顿供图）

左图 1991年1月，第72装甲团2营的一辆M1A1正穿越沙地，前往位于沙特阿拉伯的汤普森战术集结地域（格雷格·沃尔顿供图）

下图 1991年1月下旬，格雷格·沃尔顿的D11号坦克在沙特阿拉伯汤普森战术集结地域待命，远处一轮红日冉冉升起（格雷格·沃尔顿供图）

## 坦克上的生活

我们连队在伊拉克以南、科威特以东的沙特阿拉伯汤普森战术集结地域（TAA）集合。尽管所有的乘员都在一起工作了一段时间，且演习期间也在有限的时间内一起训练和休息，但并没为长期在坦克上生活做好充足的准备。我们连有14辆坦克、5名军官、57名士兵和士官，与其他连队和营部分开配置，在一个小范围内形成360°的环形区域。

我们3个排，每排16人、4辆坦克。大多数时间都在待命，必要时加强到其他连队。我的坦克乘员，包括炮长戈登中士，驾驶员克利尔菲尔下士和装填手一等兵（PFC）肯尼迪，我们一起生活在狭小的坦克空间里，分享着食物、音乐、家信，以及思想、人生哲学和恐惧。

右图 我们在D11号坦克上过着"吉卜赛人的生活"，这种以坦克为家的状态整整持续了几个月的时间。最后，我们已经完全适应了坦克上的日常起居。除了所需的设备和弹药，车组乘员还携带了食物、水、衣服和少量的个人物品。从图中可以看到士兵们的携行袋、口粮箱、水壶和临时拉起的晾衣绳（格雷格·沃尔顿供图）

上图 在加西亚前方集结地域，士兵们的生活环境比汤普森战术集结区更加恶劣。照片中，格雷格·沃尔顿在他的M1A1旁享受着难得的水桶浴。士兵们从一个沙特阿拉伯供应商那里得到瓶装饮用水，但其他用水是定量供应的（格雷格·沃尔顿供图）

在集合区每一天都重复着前一天的活动。按照惯例，每天清晨所有的坦克同时启动并预热，人员进入待命状态。坦克乘员进行无线电通联，并检查坦克系统运行状态。当坦克战备状态准备完成后，我们经常会在坦克的后部取暖，吃早餐，打扫卫生并妥善收好自己的物品。车组人员每天要对坦克进行预防性维护检查和维修，清除武器上的灰尘和沙砾，校准坦克主炮瞄准线，确保随时能够执行任务。第二天，我们又按部就班地重复以上所有步骤，这种状态一直持续了5周。

### 向前方集合区机动

2月18日，我们营从汤普森战术集结地域转移到靠近伊拉克边境的加西亚前方集结地域（FAA）。随时准备进入伊拉克作战，因此就没有花太多功夫去改善这个集结区的环境。这里晚上很冷，白天温暖多风。在高度戒备状态下，我们一边履行战备规定流程，一边等待上级的命令。这段时间，我们平均每晚只睡4个小时左右。

经历了一周漫长的等待，我们终于接到命令：收拾行装，开赴伊拉克。伴随着既害怕又兴奋的心情，我们把集合区抛在了身后。2月24日，我们花了将近12个小时才从加西亚前方集结地域穿过边界，越过进攻出发线，进入伊拉克。

### 恰逢敌手

从和平时期的训练过渡到作战行动，不可避免地会出现一些混乱和失误，但我们很快就适应了，并学会了如何应对。我记得在阿尔布赛耶（Al Busayyah）镇附近的电台里听到过一次战争初期的报道，说一名坦克车组乘员发现了一辆伊拉克坦克，车长并没有立即交战，而是像在射击靶场一样请求允许装填武器。"你在跟我开玩笑吧？"我想，"你不应该已经装好弹药了吗？不是应该发动坦克吗？"幸运的是，伊拉克人似乎和我们一样没有做好准备，在第一次会面中，我们没有人员伤亡。

天气很糟糕，庞大军队的行动是混乱的，但我们很快确定了方向，并深入伊拉克。

2月26日，我们已经在阿尔布赛耶附近与伊拉克第26步兵师的部队交战，然后继续向北前进，然后向东。

我们唯一的导航工具,除了营里的两个GPS设备,就只剩下"罗兰"导航系统——这是一套古老的无线电定位导航系统。它最初是为船舶航行设计的,但在沙特阿拉伯输油管道建成后,才被越来越多地应用在陆地上。每个连队配有一部"罗兰"接收器,可以在其中输入目的地。导航脉冲信号大约每2分钟更新一次,引导机动部队向左、向右移动或保持方向不变。如果从高空俯视,会发现很诡异的一幕——这些庞大的装甲编队以优雅的S形曲线穿越沙漠,而不是直接朝着目标前进。

尽管我们前进缓慢,但是坦克里的燃油仍然消耗很快,我们必须停下来加油。在加油时,我们遭到伊拉克军队多管火箭炮(MLRS)的袭击。

上图 从图中侧裙板上的单位名称可以看出,这辆M1A1隶属于第70装甲团2营D连1排。炮塔的左后侧是简易的红外敌我识别贴片(格雷格·沃尔顿供图)

左图 交战之前,格雷格·沃尔顿所乘坐的坦克变速箱出现了故障,他与车组人员不得不从D11号转移到一辆后备坦克上。图中是一辆备用坦克,没有单位标记,也没有安装敌我识别系统(格雷格·沃尔顿供图)

上图 图片摄于1991年2月，伊拉克南部的油井燃起熊熊大火。浓烟严重遮挡视线，并使空气温度低于正常水平。士兵们早上醒来时还会咳出黑色的烟灰（美国国防部供图）

## 伊拉克共和国卫队

2月27日凌晨，我们接到报告，距伊拉克军队只有几千米了。我们已接近伊拉克前线，并与各连一起在预定的营作战前沿展开部署。在热成像仪（TIS）上，我观察到一辆伊拉克坦克，上面坐着几个人。我的炮长用激光测距仪测量出坦克距离我们超过2500米。在我们进一步评估之前，兄弟部队一辆坦克向我们的目标发射了120毫米口径炮弹。通过热成像仪可以清楚地看到穿甲弹射向目标的轨迹，取景器中能看见一片耀眼的光亮，坦克上3名士兵被爆炸冲击波抛了出来，接着传来一声巨响。

不一会儿，肉眼可以观察到燃起的火焰。通过热成像仪，我们看到了坦克内部的二次爆炸，炮塔粗暴地从车体弹出并落向附近的地面。直到后来我们才意识到这将是这场战争的常态。

我们没有耽搁，继续向东行进。经过对方阵地几千米后，我们停下来重新整编。为坦克补充弹药，做好再次交战准备。

## 麦地那岭

我们营朝着一条看得见的山脊线前进，这是我们在平坦的地面上看到的第一个地形特征。在1200小时之前，各连都报告了与对手发生接触。在2000～2500米的范围内，我们能够观察到坦克和装甲运兵车炮塔在寒冷地面上冒出的"热点"。暴风雨的天气，加上油井燃烧产生的烟雾，形成了一个低温背景。目标在热成像仪上显示的画面更加清晰。

随着战争进程的推进，我们逐渐适应了残酷的战场环境，焦虑、恐慌和疲惫都消失了，坦克乘员的操作变得更加顺畅。后来我们才意识到，战前我们接受的坦克乘员和坦克排训练演习是多么有效，我们的射击技能已经成为潜意识的一部分。很快，整个射击过程简化为：确定目标在热成像仪中的热点，瞄准热点底部射击，并观察穿甲弹向目标热点发动攻击的尾迹曲线。尽管环境潮湿，一辆坦克开火，主炮还是会在炮手的光学镜头前扬起沙尘，相邻的坦克（僚车）就会协助确定射击精度和评估战损。

几秒钟后，伊拉克坦克内储存的弹药爆炸，二次爆炸可能会把炮塔炸飞。如果击中坦克位置稍微高一点，会立即引起爆炸，乘员都会被抛出舱口，穿甲弹常常会将坦克巨大的发动机从发动机舱内炸出来。

我们主要使用穿甲弹对付对方坦克，而如果确认是车辆或轻型装甲目标，我们会使用破甲弹。破甲弹撞击目标时聚能装药爆炸形成金

**上图** 1991年2月27日，第70装甲团2营D连正在同伊拉克军队第2师（麦地那师）交战。这是第二次世界大战结束以来规模最大的一次坦克战（美方称为麦地那岭战役）。可以看到美国陆军"阿帕奇"直升机盘旋在连队坦克上空协同作战。"阿帕奇"和美国空军的A-10"雷电"II攻击机（常被称为"疣猪"）提供了火力支援（格雷格·沃尔顿供图）

**下图** 在麦地那岭，M1A1和"布拉德利"步兵战车向伊拉克军队发起冲击。"布拉德利"步兵战车隶属于坦克连，在需要时提供步兵支援（格雷格·沃尔顿供图）

右图 在麦地那岭被摧毁的一辆伊拉克T72坦克（格雷格·沃尔顿供图）

右图 在备战的位置上被摧毁的伊拉克T72坦克（美国国防部供图）

左图 照片摄于1991年3月初，第70装甲团D连1排的一辆坦克正在越过边境进入科威特（格雷格·沃尔顿供图）

属射流，撕裂卡车上的驾驶室，或者剥落轻型装甲车的外部装甲。

对方目标太多，很快我们把装填手放在架子上的弹药用完了。我们后退了几百米，打开了我这边和装填手那边的储物架。我们赶紧把120毫米口径炮弹递给肯尼迪，这样肯尼迪就能把炮弹装入他那边的架子。这时，我闻到一些奇怪的味道，我问戈登中士，坦克里是什么东西这么难闻。

"那是什么，一只死山羊吗？"我问。

"长官，那是你身上的味道。"搬运弹药的动作导致身上的味道逸出防化服。"活性炭衬里保护我不受化学武器伤害，也保护我不受自身气味的伤害。"全体乘员都笑了起来。

我们在很短的时间里，就击败了伊拉克最精锐的第2装甲旅。穿过混乱的战场，所过之处是燃烧的车辆残骸，我们开始继续向前推进。行驶了很长时间，我们终于停下来准备过夜，同时补充油料和弹药。第二天早晨，我们又开始行动，并与同一支伊拉克部队的余部发生交战，但很快就接到命令，要求停火。总统宣布结束进攻。

显然，伊拉克人也在同一时间得到了停火命令，开始从他们的阵地上撤退。

3月4日，我们开进科威特。又过了一个月，我们才从沙特阿拉伯中转回到德国。M1A1在战场上表现出色，车辆和人员都没有遭受战斗损失。战场统计显示，在短暂的进攻期间，我们摧毁了对方50多辆坦克、25辆运兵车、7个防空系统、65辆卡车，在作战行动中被击毙的对方军人数量不明。

下图 第70装甲团D连1排的同一辆坦克越过沙坡。可以很明显地看出，尽管坦克车体在移动，但是主炮指向仍保持稳定（格雷格·沃尔顿供图）

131

第五章 军事行动与服役经历

右图 2003年4月3日，一辆美国海军陆战队的M1A1，在前往伊拉克巴格达的贾曼·朱布里外的费达因营地时遭遇袭击，失去行动能力，被美军自行摧毁（美国国防部供图）

右图 反方向拍摄的同一辆坦克，坦克的悬挂装置在极端高温下失效（美国国防部供图）

右图 2003年3月，美国海军陆战队第2坦克营B连的一辆M1A1在塞伊德·阿卜德附近发生淤陷。由于无法救援，该坦克最终被美军车组人员自行摧毁（美国国防部供图）

132
M1 艾布拉姆斯主战坦克工作手册

上图 2003年12月，一辆隶属于海军陆战队远征军第一打击群第13远征队第1营登陆队坦克排的M1A1，正在科威特或伊拉克进行实弹射击训练（美国国防部供图）

## 2003年11月伊拉克战争

在2003年3月20日至2003年5月1日的伊拉克战争期间，美国陆军部署了装甲营或骑兵中队，或以其建制部队配置，或作为联合兵种（装甲步兵）特遣部队的一部分。美国海军陆战队用M1A1装备了海军陆战队1师的所有3个坦克营（第1，第2和第4坦克营），约占所有美国海军陆战队M1A1数量的一半。重型装甲主要用于所谓的"雷霆行动"，以确保从科威特进入巴格达和国际机场的主要通道的安全。

快速进入之后，是漫长的占领，军事占领在2011年正式结束。在伊拉克初期战斗结束后，装甲部队定期轮换，为后续的军事行动提

右上图 2004年12月10日，在伊拉克安巴尔省费卢杰，美国海军陆战队一辆M1A1正在开火。请注意炮塔顶部极不和谐的塑料冷却盒（美国国防部供图）

右图 2005年2月3日，在伊拉克塔尔阿法，美国第3步兵师一辆被雨淋湿的M1A2 TUSK（美国国防部供图）

133
第五章　军事行动与服役经历

**上图** 图中这辆配备有扫雷犁的 M1A1 TUSK 正在伊拉克执行掩护任务（美国国防部供图）

供支持。其中包括执行巡逻任务，保护检查站和在城市作战中为步兵作战提供装甲支持。

坦克在战场上的主要对手是对方坦克或反坦克火器。装甲较轻的炮塔顶部和后发动机舱等薄弱部位经常是对方攻击的重点目标。伊拉克人先用简易爆炸装置炸断履带，让坦克动弹不得，随后用机枪、RPG 反坦克榴弹火箭弹和迫击炮发动袭击。

仅在伊拉克战争期间，就有 9 辆 M1A1 被 RPG 反坦克榴弹火箭弹击中，但只有一辆完全丧失行动能力。

在进入伊拉克后的两年时间里，超过 1100 辆 M1 系列坦克被部署到伊拉克战场，其中 70% 被各种火力击中，大部分并没有造成损伤，但仍有 80 辆坦克损坏严重，不得不运回美国本土进行维修，共有 15 名坦克乘员阵亡。在最初的 3 年时间，共有 530 辆 M1 系列坦克被运回美国翻新。

**右图** 2008 年 5 月 10 日，美国海军陆战队第 4 坦克营 1 连的 M1A1 担负警戒任务。图中最靠近镜头的是美国海军陆战队第 2 轻型装甲侦察营 1 连 2 排的一辆 LVA 轮式装甲车（美国国防部供图）

## 海军陆战队三级军士长尼克·波帕迪奇的战斗经历

三级军士长尼克·波帕迪奇（Nick Popaditch），绰号"上士波普"，是一位海军陆战队的传奇人物。在一张流传甚广的照片上，尼克·波帕迪奇坐在一辆 M1A1 的车顶，手里拿着一支雪茄，身后是被推倒的萨达姆雕像。这张广为流传的摄影作品使他获得了"雪茄陆战队员"的绰号。回到美国本土后，波普继续在坦克 1 营服役，并再次被派往伊拉克战场。第二次被派往伊拉克的时候，他因费卢杰战役中的表现而获得银星勋章。这次战役中，他的头部受到了致命伤害。一枚飞来的火箭榴弹击中了他的头盔，多亏了现代军事医学产生了奇迹，最终幸免于难。他在回忆录[①]中记录了在费卢杰持续 36 个小时的战斗之后，他的坦克遭受袭击的境况：

当我俯身将车长用 12.7 毫米机枪指向袭击者，透过瞄准镜准备射击时，袭击者发射的反坦克火箭弹在空中发出一声短促而尖锐的呼啸声，在我们的炮塔右前方爆炸了。通过查看录像截图，我们猜测对方认为反坦克火箭弹袭击的位置是我方坦克的一处装甲薄弱部位。这个信息是错误的，但对方显然相信这一情报。

这些事情发生在三年前，其中的很多细节在脑海中已经无法记起了。当我俯身去拿 12.7 毫米机枪的时候，爆炸声还在我的耳边回响，这时又听见一声尖锐的呼啸，整个世界都变成了一片炫目的白色，就像在闪光灯里一样。然后就是一片漆黑，耳朵里响起一阵可怕的嗡嗡声。虽然我看不见也听不见了，但我知道发生了什么。那是一枚重约 1.8 千克、时速 482.8 千米的反坦克火箭弹，它击中了我头盔附近的某个位置，然后爆炸了。

---

[①] POPADITCH N, STEERE M. Once a marine: an Iraq War tank commander's inspirational memoir of combat, courage and recovery [M]. New York: Savas Beatie, 2008: 5.

下图 美国海军陆战队一辆 M1A1 在阿富汗高速行驶（美国国防部供图）

# 2010 年 12 月阿富汗战争

**以**美国为首的"联军"于 2001 年 9 月首次进入阿富汗，由于种种原因，"联军"先头部队并没有配备主战坦克。一直到 2009 年年初，美国海军陆战队接管了赫尔曼德省和坎大哈省的部分地区，治安的巨大压力使得驻军对坦克的需求愈发强烈。但是，时任"联军司令"的美国陆军上将戴维·D. 麦基尔南并不赞成使用坦克，他的主要顾虑在于坦克的大量使用难免会让阿富汗人联想起 20 世纪 80 年代苏联的军事行动，这在阿富汗人的心理上恐怕是难以接受的。

事实上，加拿大和丹麦部队早就在阿富汗地区部署了"豹"1 和"豹"2 坦克。2010 年 7 月，美国陆军上将彼得雷乌斯接管"联军"的指挥权，上任后，他应西南战区司令部的请求，于

左图 一辆在赫尔曼德省执行掩护任务的海军陆战队 M1A1，拍摄者位于第 2 坦克营 1 连的另一辆坦克中。2 辆坦克都在车顶装备了伪装遮阳伞（美国国防部供图）

10 月批准向战斗激烈的阿富汗南部地区增派坦克部队。2010 年 11 月，美国海军陆战队在赫尔曼德省北部部署了一支由 115 名海军陆战队士兵和 16 辆 M1A1 组成的特遣队，这些坦克来自海军陆战队第 1 师第 1 坦克营 D 连。2011 年 7 月，2 营 A 连轮换进驻。海军陆战队下属的建制连在战时通常一次部署 6 至 7 个月，美军坦克部队在阿富汗执行任务的 3 年期间，直到撤出之前共进行了 6 轮轮换：

- 2010 年 11 月—2011 年 7 月：第 1 坦克营 D 连
- 2011 年 7 月—2012 年 12 月：第 2 坦克营 A 连
- 2012 年 1 月—2012 年 7 月：第 1 坦克营 A 连
- 2012 年 7 月—2012 年 12 月：第 2 坦克营 B 连
- 2013 年 1 月—2013 年 7 月：第 1 坦克营 D 连
- 2013 年 7 月—2013 年 12 月：第 2 坦克营 D 连

由于装备有性能先进的光学瞄具系统和射程更远的大口径坦克炮，与美军使用的任何其他军用装备相比，M1 坦克能够为地面部队提供更远的射程和更大的杀伤力。事实上，坦克在

上图 2011 年 2 月 2 日，在阿富汗赫尔曼德省爱丁堡前方作战基地，一辆隶属于海军陆战队第 1 师第 1 坦克营 D 连的 M1A1 正在加油（美国国防部供图）

右图 2013 年 9 月 10 日，在阿富汗赫尔曼德省萨班村附近的一次联合行动中，美国海军陆战队第 2 坦克营 D 连的 M1A1 正在执行巡逻任务。参加此次联合行动的部队包括：美国海军陆战队第 4 陆战团 3 营、第 2 坦克营和阿富汗国民卫队第 3 营（美国国防部供图）

## 驻阿富汗部队美国海军陆战队对 M1 坦克作战效能的评估

"艾布拉姆斯非常有效。就在过去的 10 天里,坦克和狙击小组配合利用狙击手的神枪手能力与坦克的观瞄能力,已经杀死了大约 50 名武装分子。这确实是一个很好的组合。"(时任驻阿富汗海军陆战队指挥官的约翰·图兰中将,2011 年 9 月)

"坦克对于桥梁来说,太重了;由于埋有简易爆炸装置,在路上保护坦克太难;坦克的油耗量很大,所有的燃料必须通过巴基斯坦 - 开伯尔山口长途运输车队运送。在大部分情况下,与实际作战效果相比,坦克更关键的是其象征意义。传感器是强大的倍增器……我们在监视 / 反狙击角色中使用了它们,效果很好。[我们]在[进攻]中更多地利用[它们]来鼓舞士气。"[海军陆战队第 5 团团长威拉德·布尔上校(Col),2011—2012 年]

"在我们工作期间,一些战斗坦克保护着我们。这些坦克只是用来展示武力,所以并不需要很大的数量,相反,有一些重型装甲车就够了。"(迈克尔·洛佩兹下士,2012 年 11 月,阿富汗前线作战基地拉齐卡)

与狙击手进行对战,以及在前方阵地进行远距离观察等情况下均发挥了意想不到的作战功效。地面战场上,坦克的存在为部队提供了心理上的激励,极大地提高了部队士气,同时也增强了对对方的威慑。

当时,一名美国军官承认,姗姗来迟的坦克部署可能会被视为美军深陷阿富汗泥潭的绝望之举,但与此同时他也坚称,坦克在作战使用上,确实能够比间瞄火炮或飞机的反应更加准确、快速,而且坦克炮火力的精准性在一定程度上可有效减少平民伤亡[①]。

## 2014 年至今

**美**国陆军于 1980 年首次在德国部署 M1 坦克,但在 2013 年 3 月撤回了最后 22 辆 M1A1,驻扎在那里的最后一个重型旅(第 172 步兵旅)完成了最后的使命。美国陆军在欧洲的编队减少到只有 2 个轻骑兵旅(斯特赖克第 2 骑兵团和第 173 空降旅)。

2014 年 2 月,作为美军"前沿战略预置"快速部署解决方案中欧洲机动配置的一部分,29 辆 M1A2 SEPv2 被运往德国。2014 年夏天,为参加在法国、德国、波兰和拉脱维亚举行的联合军演,美国第 1 骑兵师第 1 旅成为最先获得这批坦克临时所有权的部队。2015 年,这支参演部队从拉脱维亚经波兰、捷克返回德国。

据推测,2015 年,美国在欧洲预先部署了足以装备一支重型旅的重型武器装备,其中包括 87 辆 M1A2(满编 2 个坦克营),144 辆"布雷德利"步兵战车,18 辆 M109"帕拉丁"自行榴弹炮,419 辆"悍马",以及 3500 ~ 4000 名士兵。

2016 年 10 月 26 日,北约举行了新一轮的首脑会谈,旨在现有快速反应部队(40 000 人)的支持下,在北约东部的几个盟军中轮换部署 4 个"战斗群"(每队 4000 名士兵):

- 美国将在波兰指挥 1 个战斗群,其中包括 1 个美军步兵营和 1 个坦克营;
- 德国将在比利时、荷兰、卢森堡和克罗地亚部队的支援下指挥立陶宛的 1 个战斗群;
- 加拿大将在意大利的支援下指挥拉脱维亚的 1 个战斗群;
- 英国将指挥一个英国步兵营和爱沙尼亚的 1 个战斗群。

---

① CHANDRASEKARAN R. "U.S. deploying heavily armored battle tanks for first time in Afghan War" [N/OL]. Washington Post, 2010-11-18, [2010-11-19]. http://www.washingtonpost.com/wp-dyn/content/article/2010/11/18/AR2010111806856.html.

上图 美国中央司令部每两年组织一次有美国、科威特、埃及和其他盟友参加的多国联合军演。这张照片显示了2009年10月14日在埃及亚历山大附近举行的"明亮之星2009"联合实兵对抗演习的准备情况。照片中位置靠前的是3辆来自海军陆战队第22远征部队第2陆战团2营登陆队1连的M1A1,远处是几辆科威特军队的"悍马",空中是2架来自海军陆战队第263中型倾转旋翼机中队的AH-1W"超级眼镜蛇"直升机（美国国防部供图）

下图 2010年7月15日,在伊拉克拉希德联合安全检查站,伊拉克陆军第9师的士兵驾驶一辆M1A1 TUSK进行训练。该坦克隶属于美国陆军第3步兵师第1旅第69装甲团3营D连（美国国防部供图）

与这些基本上是轻型部队的盟国军队相比,美国坦克营在战斗编组中的地位变得非常重要——事实上,美军承诺将其升级为1支由2个坦克营（第66装甲团1营;第68装甲团1营）组成的完整重型装甲旅（第3装甲旅或"铁"旅）。2017年1月,该旅按计划从科罗拉多州卡森堡第4师迁往德国,然后又迁往波兰。该旅的旅部驻扎在波兰,部队分布在中欧和东欧,其中一个坦克营驻扎在爱沙尼亚和拉脱维亚,另一个在德国。另一支重型装甲旅定于2017年9月进行轮调。

同时,在夏季改编了第2步兵旅（斯巴达旅）战斗队之后,美国陆军于2017年10月启用了其第10个现役装甲旅。这使得美国陆军现役旅共有870辆M1系列坦克,另有120辆左右在美国海军陆战队现役营。

## M1系列坦克在美国以外地区的装备情况

共有6支美国以外的军队购买了2307辆M1系列坦克（由美国本土生产或授权出口）。1984年,埃及和美国达成共识,埃及在与美国官方和利益相关者合作的情况下组装M1A1,初步需求是524辆M1A1,最终有

望生产 1500 辆。从 1988 年到 2007 年，埃及生产了 880 辆，到 2010 年生产了 1005 辆 M1A1。2011 年，埃及与美国签署了合作生产 125 辆 M1A1 的合同。2015 年，两国共同组建成了一支由 1130 辆 M1 系列坦克组成的埃及装甲部队。

1993 年，科威特订购了 218 辆 M1A2，装备一个装甲旅。同年，沙特阿拉伯订购了 315 辆 M1A2。2008 年，沙特政府下令进行一些改进（统称为 M1A2s 型），以将坦克的

**上图** 伊拉克部队装备的 **M1A1 SA** 在首都巴格达参加阅兵游行（美国国防部供图）

**左图** 在伊拉克贝斯马雅的战斗训练中心，一名伊拉克士兵从他们的 M1A1 SA 上跳下（美国国防部供图）

左图 这辆 M1A1 SA 可能是被伊拉克军队遗弃，也可能是被极端组织缴获后操作不当翻车的（匿名）

左图 一辆伊拉克军队的 M1A1 SA 掉落在一条双车道高速公路的桥梁之间（匿名）

使用寿命延长到至少 2040 年，包括捷豹无线电通信设备、车长显示面板、车体动力控制箱、炮塔动力控制箱和由安装在炮塔左后方外部的 Tiernay 涡轮机提供动力的辅助动力装置。美国另外提供了 15 辆 M1A2，使沙特装甲部队 M1 系列坦克数量达到 330 辆。利马陆军坦克工厂于 2012 年第二季度向沙特阿拉伯交付了第一批 M1A2。到 2013 年年初，已经交付了 50 多辆。2013 年 1 月，沙特阿拉伯又与美国签订了 69 辆 M1A2 的订购合同，将其改装为 M1A2s，装甲部队总数量达到 399 辆。最后一批直到 2016 年夏天才完成交付。2016 年 8 月，沙特阿拉伯订购了 153 辆改装为 M1A2s 标准的坦克，其中 20 辆被指定为替代现有部队损失的坦克。这将组建起一支总数为 532 辆 M1A2s 的新装甲部队。

2014 年前 5 个月，怀疑伊拉克军队共有 5 辆 M1A1 在与极端组织作战中被导弹摧毁（也

左上图 一辆被极端组织缴获的伊拉克军队 M1A1 SA（匿名）

左下图 这辆伊拉克军队的 M1A1 SA 在被极端组织摧毁前倒进一座被毁坏的房屋里（匿名）

上图 2015 年 6 月 20 日至 30 日，在昆士兰州浅水湾训练区进行的"钻石打击"演习期间，一辆来自澳大利亚第 1 装甲团（澳大利亚陆军唯一的全天候作战部队）的 M1A1 AIM SA（澳大利亚国防部供图）

有可能是在被缴获后销毁的）。图像显示，攻击导弹包括俄罗斯的 9K11"耐火箱"反坦克导弹和南斯拉夫的 M70 Osa 导弹。

2006 年，澳大利亚购买了 59 辆 M1A1 AIM SA。2007 年，它们取代了澳大利亚的"豹"AS1 坦克。2010 年左右，澳大利亚军方获得了数量不详的城市生存能力组件。到 2016 年，澳大利亚政府已批准将其所有坦克升级至 M1A2 SEPv2 或 M1A2 SEPv3，这可能需要美国在出售新型 M1 系列坦克之前，对现有老式 M1 系列坦克进行回收。在 2006 年，澳大利亚购买了 7 辆 M88A2 抢救车，而在 2015 年，美国政府批准了澳大利亚追加 6 辆 M88A2 的购买请求。

2012 年，摩洛哥对由美国陆军 M1A1 系列早期型号翻新而成的 M1A1 SA 标准型表现出明显的兴趣。2015 年，摩洛哥军方订购了 222 辆该型坦克，2016 年 7 月至 2018 年 2 月交付。

下图 "钻石打击"演习中的另一辆澳大利亚 M1A1 AIM SA（澳大利亚国防部供图）

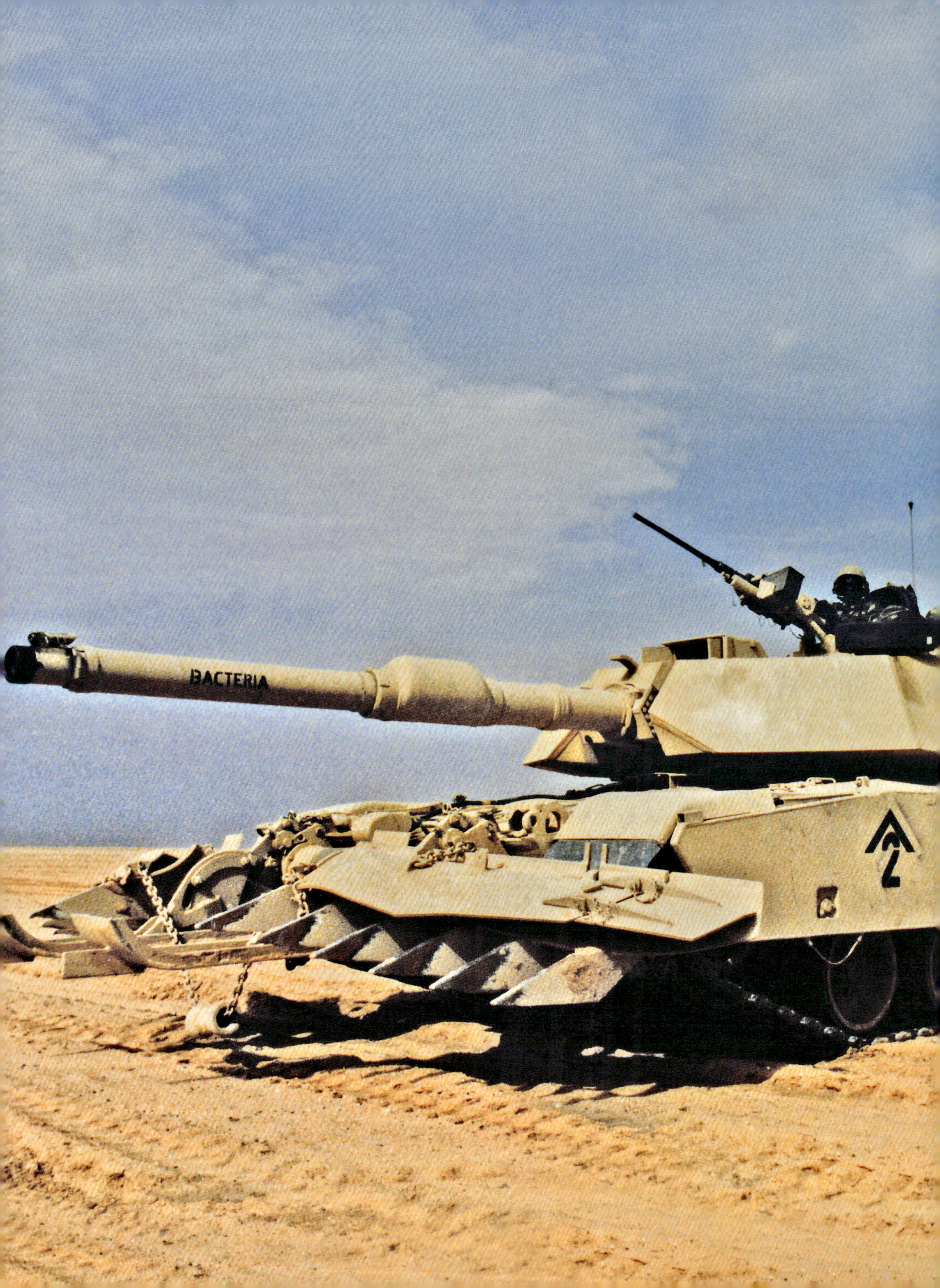
BACTERIA

第六章

# 衍生车型

M1 艾布拉姆斯主战坦克在服役时需要依靠传统工程车提供各种专业的工程支持。不过，作为一型主战坦克，它证明了自己本身就具有强大的承载和操作专业设备的能力，从而诞生了世界上最强大的架桥车、扫雷辊（滚筒式扫雷系统）、扫雷犁和其他工程机械。

**插图** 这辆名为"细菌"的 M1A1 隶属于第 1 装甲师第 70 装甲团 2 营 B 连。该坦克已加装扫雷犁，计划于 1991 年 2 月参加海湾战争。犁刀之间的"链条和狗骨"装置可触发斜杆引信地雷和浅层地雷（格雷格·沃尔顿供图）

左图 2003年2月6日，一辆美国陆军M60A1装甲架桥车在科威特参加演习，当时距离美国主导的入侵伊拉克行动开始还有6个星期。该型架桥车是这次行动中唯一可以允许M1坦克通过的装甲机械化架桥车。照片中的架桥车正在架设一座MLC70级桥，这种级别的承载能力对于M1坦克的后续改进型号而言载重远远不够（美国国防部供图）

# 架桥车系列

## 传统装甲架桥车

在M1坦克服役的前20多年里，美国装甲架桥车（AVLB）是在M48A2和M60A1底盘基础上改装而成的。每辆装甲架桥车都装有MLC60级剪式桥，该桥长19.2米，额定跨度为18.3米宽，荷载54.4吨，最高通过时速可达40.23千米。架桥作业时间3分钟，收桥作业时间5分钟。

## M104"狼獾"重型突击桥

1983年，美国国防部委托研发一种基于M1系列坦克底盘的新型装甲架桥车，但直到2003年，美国陆军才收到研发的装甲架桥车。这种新型的装甲架桥车是基于当时的M1A2 SEP的底盘研发的，它被命名为M104"狼獾"重型突击桥。

下图 2003年在科威特的一辆M60A1装甲架桥车，即使桥面折叠起来，M60坦克的车体看起来也很短。M1坦克的车体长度比M60坦克长1米，因此对于同一座桥来说，M1坦克的底盘功能更强大，机动性更好，生存能力更强（美国国防部供图）

左图 这是一辆M104"狼獾"装甲架桥车，车首位置安装有驻锄，在机动状态下，驻锄被收起。从地上的影子可以看出，桥的前半部分相对于坦克车体有很大的突出量。架桥时，下半段桥先向前滑出，直到与上半段装配成一个整体，之后再将整个桥向前推送。这辆"狼獾"架桥车正在驻伊拉克的美国陆军第20工兵营第59工兵连服役（美国国防部供图）

右图 这是从对角线位置看到的同一辆车。从这个角度，可以感受到这座桥及其架设机构巨大的尺寸。在架设前，"狼獾"高约4米，长约13.4米，宽约3.5米。整个架桥系统在收起静止时可以在底盘上很好地保持平衡，但是可以想象到桥降下之前，完全向前延伸时巨大的旋转力矩（美国国防部供图）

该桥宽4米，长26米，额定跨距24米，荷载63.5吨。它由M1系列坦克的底盘改装而成，具有更长的跨度，采用了平推式的架桥机制（而不是在展开过程中垂直翻转）。"狼獾"架桥需要5分钟，收桥需要10分钟。美国陆军原计划大约需要450辆，但很快就意识到"狼獾"太贵难以承受，最终只订购了44辆，该计划于2000年终止。

## 联合突击桥

2005年，美国海军陆战队订购了22架英国"泰坦"架桥系统，用于安装在经过改装的M1系列坦克底盘上。1996年5月，英国政府启动了一个项目，在"挑战者"2坦克底盘上安装"泰坦"架桥系统，取代"酋长"装甲架桥车。当美国海军陆战队订购相同的桥架系统时，"泰坦"系统已经通过了所有试验，即将交付。最后一辆"酋长"装甲架桥车在2008年被替换。

美国海军陆战队选择了M1A1的底盘做联合突击桥，不过安装了M1A2上使用的更坚固的悬挂。这样的组合底盘价格仍然比用于"狼獾"的M1A2 SEP底盘便宜。美国海军陆战队下达最初的订单时，美国陆军还在尝试在M60装甲架桥车上使用MLC70级剪式桥的衍生产品，使其载荷达到72.6吨，但在伴随M1坦克行动时仍然表现出装甲架桥车在机动性和生存能力方面的不足。2010年，陆军加入海军陆战队的项目并接管项目的主导权，该项目被称为联合突击桥。

前2辆试验车在2012年试验了MLC70级剪式桥。经过评估，MLC70级剪式桥的额定跨度比"狼獾"桥的跨度要短得多（将

近6米），但部署起来更快，更易于维护。最终版本将在MLC70级剪式桥的跨度上架设和撤收一座MLC85级剪式桥，其额定荷载为77吨。

下图 这张技术手册上的示意图给出了架桥各阶段的标准用时。图中第二阶段，驻锄铲展开作为架桥过程中的固定器，同时，桥的前半部分滑到完全伸展的一半的位置。已经过去3分钟了。第三阶段，桥完全伸展，两个半桥完成合拢，再过2分钟，整个桥的高度降低，向前推送到车头之外。之后架设系统脱离，抬起驻锄铲，架桥车从桥上通过或沿预定道路离开（美国国防部供图）

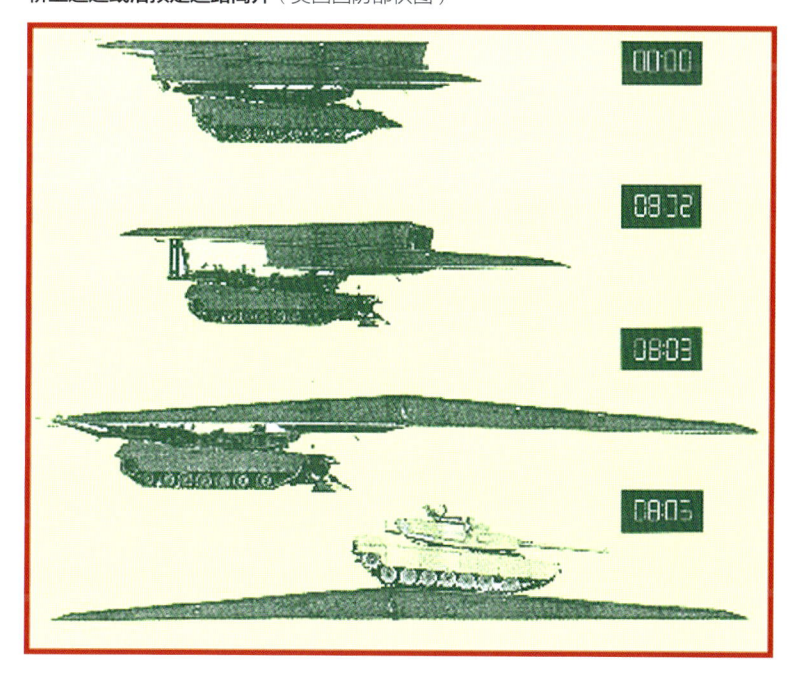

## 我的M1翻车了（威廉·墨菲）

1991年10月的某天晚上，对第2步兵师第72装甲团1营B11号坦克的车组人员来说，是一个漫长的夜晚。那天我们乘坐坦克从位于韩国铁原山谷上游的一座桥上翻落。直到第二天一早，救援人员赶到现场，试图在布满岩石的河床中将这台70吨重的钢铁巨兽翻转过来的时候，我和炮长已经在翻掉的坦克中度过了整个夜晚。

翻车事故发生在前一天黄昏，当时我们正在进行一次旅级实地训练演习。我的坦克和僚车奉命对破坏核生化洗消场的假想敌部队进行反击。战术位置是核生化污染区。一排A队奉命执行4级任务指导型防护措施（MOPP-4，防护最高级别），关闭坦克舱门，全体人员穿全方位防护服、面罩和手套。

当反击命令发出时，B连正位于通往一座废弃铁矿的一处凹地的集合区。凹地大约比路面低3米，出口坡道的角度大约60°，坡道正好在桥脚处与路面相交，而桥面比M1坦克要窄。这意味着，在非常规道路上驾驶员需要完成一个近乎完美的转弯，来与桥面对齐。

**下图** 1991年10月，一辆M88抢救车准备对翻车的M1坦克实施救援（威廉·墨菲供图）

这次挑战证明了M1在战术机动性方面的一些局限，特别是在核生化作战中。首先，关舱驾驶，通过潜望镜向车外观察，驾驶员和车长视野非常有限，他们几乎只能看到履带周围几英尺的地面。视野盲区严重影响了坦克的精确转弯和机动能力。然而，这还不是最糟的。当坦克爬坡时，视线也会随之升高，这个问题就更加严重。特别是当车组人员戴上三防面罩，车组人员脸部没法靠近车内观察窗或其他观察设备的76.2～101.6毫米范围内，视线会更加受阻。更要命的是，我的正式驾驶员那天早上被送到后方接受治疗，取代他的是一名高级下士。这名下士从基础训练开始就没有驾驶过M1坦克，他实际上是一名炮长，过去4年一直都在炮长的位置上，目前是排长坦克的装填手。

翻车后，驾驶员在10分钟内逃出了舱门，但是我和炮手却被困在炮塔中。救援的过程也是一波三折，先是用M88抢救车的牵引钢缆把坦克的一侧拽起来，然后用大圆石作为支撑，几次尝试均以失败告终。最后一次，我正从车长舱门下的狭窄空间往外爬，突然钢缆被拉断了，很幸运我们没有受伤就离开了坦克。

尽管翻车的经历已经让人很不愉快了，但最恐怖的还在后面，我抬头就看到第2步兵师的指挥官、第2旅的指挥官和第72装甲团1营营长，1营的连长和营军士长正等在路边。幸好谈话进行得很顺利，高级军官们对车组人员安全脱险表示宽慰，并将事故归咎于在没有充分准备的情况下过早地尝试了难度较大的任务。

**右图** 这是2012年联合突击桥的首次试验，由于装配的是一座已停产的MLC70级剪式桥，因此检查人员增加了"概念设计"审查。该试验旨在展示这座桥的架桥机制，为研发一座采用类似架桥方式但具有更大承载能力（约77吨）的新桥提供参照（美国国防部供图）

与美国海军陆战队相比，美国陆军对装甲架桥车的需求量更大，其中就包括44辆"狼獾"。目前，美国海军陆战队的需求量为29辆，而美国陆军的需求量为337辆。一个典型的坦克营一般编有4辆装甲架桥车和8座机械化桥。

美国海军陆战队计划于2017年到2019年接受首批交付装备，在此之后美国陆军有望收到第一批订单。

# 扫雷车和突击工程车

## M1"黑豹"式扫雷车

在采购M1坦克时，美国陆军装备的主要扫雷车是M60"黑豹"式（Panther I）。M60"黑豹"是一种采用M60坦克底盘的扫雷车，以扫雷辊压爆地雷。

M1"黑豹"式扫雷车（Panther II）采用了M1坦克底盘，在顶部中心位置用一个短的车长指挥塔代替原先坦克的炮塔，并在车体前部安装了机械臂。

每一条机械臂都可以推动一个扫雷犁，或拖曳4组扫雷滚轮，每条机械臂之间有一个反磁性地雷激发装置（AMMAD）。机械臂可根据地形升降，以便于扫除低洼地带的地雷。

M1"黑豹"式扫雷车的人工操作只需要车长和驾驶员2名乘员即可实现。遥控操作则只需要一名操作人员，使用一个与大型笔记本电脑大小相当的控制器，操控距离可达792.5米。驾驶员位置的图像信息由一个装甲摄像机采集，摄像机通过闭合电路与控制器相连，并将图像显示在屏幕上。车长配有一挺7.62毫米机枪，并安装

**右图** 这辆美国陆军M1"黑豹"扫雷车装有3个扫雷辊，其尾部装有电子对抗装置（美国国防部供图）

**上图** 一辆美国陆军M1"黑豹"扫雷车装备了扫雷犁和"链条和狗骨"装置（美国国防部供图）

**右图** 这是美军一辆加装扫雷犁和改进型链条快速挂脱机构的 M1A1，它能够排除磁性地雷（美国国防部供图）

有与 M1 坦克相同的烟幕榴弹发射器。

共有 6 辆 M1 "黑豹" 式扫雷车交付美国陆军。

### 扫雷辊系统组件

标准机械臂和滚轮可以安装在任何一辆 M1 坦克上，不过会牺牲很大一部分机动性。扫雷辊主要用来清理雷场的边缘，并核查已清除出的车道的安全性。每组滚轮可清除 1 条 1.12 米宽的通道。扫雷辊组件和扫雷犁一样，在凹凸不平的地面上效果不好，而且不具备排除磁性地雷的能力，除非与改进的"狗骨组件"结合使用。作业时主炮要移向侧面以免受损。每个滚轮在承受两次地雷爆炸的冲击之后，就必须进行维修。如果为每个连队的 1 辆坦克都配置 1 套完整的配件，则需要购置 276 个安装架和 195 个扫雷辊组件。

### 扫雷犁组件

所有 M1 系列坦克的前部都设有可用于安装扫雷犁的支架，每个扫雷犁重约 3150 千克。扫雷时，车辆前进速度不超过 10 千米/时，可以清除每条履带前方约 1.47 米宽的道路；2 辆坦克前后交错执行扫雷作业（内侧履带在一条线上），后车可以将前车清理出的通路再拓宽约 1.47 米。但是，扫雷犁无法扫除土层厚度小于 0.1 米的雷区中的地雷。扫雷犁应在雷区前

**右图** 1997 年 6 月，加利福尼亚州彭德尔顿营地红海滩，一辆隶属于第 1 陆战师第 1 坦克营的 M1A1 突破了障碍地带，这辆坦克装配了深水涉水套件和扫雷犁（美国国防部供图）

右图 这张官方照片显示的是 1998 年路易斯安那州波尔克堡的一辆 M1A1 坦克。该坦克装备有扫雷辊组件和"链条和狗骨"装置（美国国防部供图）

100 米处放下开始挖掘废土，以便扫雷犁至少存积 0.46 米厚的废土。扫雷犁在坚硬、多岩石或不平坦的地面上无法发挥作用。作业过程中，坦克车组乘员应将主炮掉转向侧面，以避免爆炸对主炮造成损坏。

## "粉碎者"突击破障车

ABV"粉碎者"突击破障车在 M1A1 底盘的基础上，前部装有战斗推土铲、扫雷犁和悬臂的安装接口。

右图 这张照片是 2003 年伊拉克战争后拍摄的，照片中是海军陆战队某部与"粉碎者"突击破障车的合影。这辆破障车装备有扫雷犁，为便于机动，扫雷犁处于抬起位置。突击破障车在坦克的基础上进行了大范围改进，取消了炮塔，取而代之的是战斗室上方一个形状类似的固定塔，其顶部仅装配一挺机枪。这座塔与发动机舱上方一个稍大的舱室相连，使得整舱室变得酷热难耐。塔的外表面装备有反应装甲（美国国防部供图）

左图 这辆美国海军陆战队的突击破障车在作业之前已经将扫雷犁放下（美国国防部供图）

## 抢救车

坦克履带的设计初衷是想通过增加车辆与地面的接触面积，使坦克在松软泥泞的地面依然具有出色的机动性。然而，战场地形的复杂程度往往超出坦克设计者预期，当坦克因淤陷、机械故障和战斗损伤丧失机动性时，只能通过其他方法脱困，这时装甲抢救车便应运而生。

美国 M88 装甲抢救车于 1960 年问世，最早投入作战是在越南战场，采用了 M48 坦克和 M60 坦克的一些部件，主要用于抢救当时美军装备的 M48 坦克和 M60 坦克，但无法对 M1 系列坦克实施抢救。

经过改进后的 M88A1 装甲抢救车在性能上有了很大提升。但由于当时 M1 坦克还没有出现，M88A1 装甲抢救车在设计上并没有考虑如此大的有效载荷。尽管如此，纵观整个冷战时期，直到"沙漠风暴"行动期间，M88A1 装甲抢救车一直是美国装甲救援车辆的主力。在实际作战中，要安全地救援 1 辆 M1A1 坦克，指挥员需要同时动用 2 辆 M88A1 抢救车，要知道 M1A1 坦克的战斗全重接近 65 吨。

针对 M1 系列坦克家族的抢救车迟迟没有研发出来，1997 年，美国陆军在 M88A1 的基础上改进推出了 M88A2 "大力士"装甲抢救车。为满足抢救 M1 系列坦克的需要，新型抢救车的发动机功率、传动装置性能和绞盘拉力均有较大提升。

M88A2 装甲抢救车外观与其前身相似，为满足抢救 M1、M1A1 的需要，该车在 M88A1 的基础上进行了改进。M88A2 的重量约 63.5 吨，配备有大陆汽车公司的 AVDS-1790-8CR 12 缸 V 型风冷双涡轮增压柴油发动机，功率约为 772.3 千瓦。主绞盘钢绳长度约 85.3 米，可以提供 63.5 吨的牵引力。M88A2 装甲抢救车的吊臂额定起吊重量可达 31.75 吨。

单从性能上看，M88A2 完全可以满足战场条件下抢救坦克的需要。在伊拉克战争期间，美军坦克兵经常抱怨他们没有装备足够多的 M88A2。事实上，一个常规编制的坦克营配备有 58 辆坦克和 6 辆 M88 系列抢救车。

上图 这是另一辆美国海军陆战队的突击破障车，部署前拍摄于美国本土（美国国防部供图）

上图 2010 年，在阿富汗，一辆海军陆战队的突击破障车为 M1A1 开路（美国国防部供图）

上图 在阿富汗，一辆美国海军陆战队的突击破障车完成作业后，从清理出的道路上返回（美国国防部供图）

上图 一辆 M88A2 装甲抢救车正在拖救一辆 M1A1（美国国防部供图）

上图 M1A2 SEP 左前侧 2 个拖车钩的特写（美国国防部供图）

左图 在得克萨斯州胡德堡基地的训练场内，一辆 M1A1 头朝下淤陷在泥沼中（帕特里克·科恩供图）

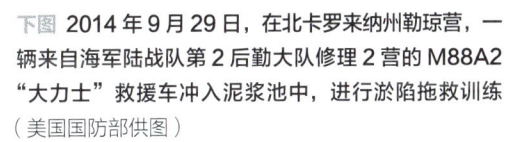

下图 1992 年，在得克萨斯州胡德堡基地训练期间，第 1 骑兵师第 67 装甲团 3 营的一辆 M1A1 淤陷在泥沼中（帕特里克·科恩供图）

下图 2014 年 9 月 29 日，在北卡罗来纳州勒琼营，一辆来自海军陆战队第 2 后勤大队修理 2 营的 M88A2 "大力士" 救援车冲入泥浆池中，进行淤陷拖救训练（美国国防部供图）

151
第六章 衍生车型

# 附录 1
# 词汇表

**1SG** First Sergeant 军士长

**ABV** Assault Breacher Vehicle 突击破障车

**ACE** Armoured Combat Earth mover 装甲战斗推土车

**AD** Armoured Division 装甲师

**ADL** Ammunition DataLink 弹药数据链

**AFV** armoured fighting vehicle 装甲战车

**AGS** Armoured Gun System 装甲火炮系统

**AIDATS** Abrams Integrated Display and Targeting System 艾布拉姆斯综合显示瞄准系统

**AMMAD** Anti-Magnetic Mine-Activating Device 反磁性地雷激发装置

**APC** armoured personnel carrier 装甲运兵车

**APDS** armour-piercing discarding sabot ammunition 脱壳穿甲弹

**APDSFS** fin-stabilised APDS 尾翼稳定脱壳穿甲弹

**AR** armour (unit designation, ie 2-70 AR pronounced two-seventy armour) 装甲团

**ATGM** anti-tank guided missile 反坦克导弹

**AUSA** Association of the US Army 美国陆军协会

**AVLB** armoured vehicle-launched bridge 装甲架桥车

**AWACS** Airborne Warning and Control System 空中预警与控制系统

**BMP** Boyevaya Mashina Pekhoty (Боевая Машина Пехоты) (a Russian-language term for 'infantry fighting vehicle') 俄语"步兵战车"发音

**BRDM** Boyevaya Razvedyvatelnaya Dozornaya Mashina, (Боевая Разведывательная Дозорная Машина) (a Russian-language term for 'combat reconnaissance patrol vehicle') 俄语"装甲侦察车"发音

**BRL** Ballistic Research Laboratory 弹道研究实验室

**cal** calibre（弹药）口径

**CDC** Combat Developments Command 战斗发展司令部

**CFV** Cavalry Fighting Vehicle 骑兵战车

**CITV** Commander's Independent Thermal Viewer 车长独立热像仪

**coax** coaxial machine-gun 并列机枪（同轴机枪）

**COE** Common Operating Environment software 通用操作环境软件

**Col** Colonel 上校

**CONARC** Continental Army Command 大陆陆军司令部

**CONUS** Continental US 美国本土

右图 2010 年，在阿富汗，一辆海军陆战队的突击破障车为 M1A1 开路（美国国防部供图）

**CROWS** Common Remotely Operated Weapon System 通用遥控武器站

**CVC** Combat Vehicle Crewman helmet 坦克兵通信头盔

**CWS** Commander's Weapon Station 车长武器站

**DA** Department of the Army 美国陆军部

**DOD** United States Department of Defense 美国国防部

**DU** depleted uranium 贫铀

**DWFK** deep water fording kit 涉水套件

**FAA** forward assembly area 前方集结地域

**FIST-V** Fire Support Team Vehicle 火力支援车

**FLEETEX** fleet training exercise 舰队训练演习

**FLIR** forward looking infrared 前视红外夜视仪

**FN** Fabrique Nationale, of Herstal, Belgium 比利时列日市附近的赫斯塔尔国家兵工厂（著名枪械公司）

**FOB** Forward Operating Base 前方作战基地

**FORSCOM** US Army Forces Command 美国陆军司令部

**FOV** field of view 视角

**FTX** field training exercise 野战演习

**GPS** gunner's primary sight/global positioning system 炮手主瞄准镜

**HEAT** high-explosive anti-tank ammunition (shaped-charge warhead) 破甲弹

**HEAT-T** high-explosive anti-tank with tracer ammunition 曳光破甲弹

**HEOR** high-explosive, obstacle reduction ammunition 破甲攻坚弹

**HEP** high-explosive plastic ammunition (also HESH) 塑胶榴弹（也称"碎甲弹"）

**HESH** high-explosive squash head ammunition 碎甲弹

**IDA** Improved Dogbone Assembly 狗骨组件（链条快速挂脱机构）

**IED** improvised explosive device 简易爆炸装置

**IFF** identification friend or foe 敌我识别装置

**IFLIR** improved forward-looking infrared 增强前视红外夜视仪

**IFV** infantry fighting vehicle 步兵战车

**IVIS** inter-vehicular information system 车际信息系统

**KE** kinetic energy (round) 动能（弹药）

**LAV** Light Armoured Vehicle 轻型装甲车辆

**LCAC** Landing Craft, Air Cushion 气垫登陆艇

**LD** line of departure 进攻出发线

**LMSR** large, medium-speed roll-on/roll-off cargo ship 大型中速滚装船

**LP CROWS** low-profile Common Remotely Operated Weapon System 低轮廓通用遥控武器站

**MARDIV** Marine Division 海军陆战队

**MBT** main battle tank 主战坦克

**MCRS** mine-clearing roller system 滚筒式扫雷系统

**MEF** Marine Expeditionary Forces 海军陆战队远征军

**MEU** Marine Expeditionary Unit 海军陆战队远征分队

**MILES** Multiple Integrated Laser Engagement System 多功能综合激光交战系统

**MN(ED)** Materiel Need, Engineering Development 器材需求（工程开发）

**MPHEAT** multi-purpose high-explosive anti-tank round (also: MPAT) 多功能破甲弹

**MRS** muzzle reference sensor 炮口基准传感器

**MTU** Motoren-und Turbinen-Union (Germany) 发动机及涡轮机联盟弗里德希哈芬股份有限公司（德国）

**NBC** nuclear, biological, chemical 核生化

**OC** observer-controller 观察协调员

**OPFOR** Opposing Force 假想敌部队

**OTAC** Ordnance Tank-Automotive Center 坦克及机动车辆装备司令部

**PC** personnel carrier 人员输送车

**PFC** private first class 一等兵

**PL** platoon leader 排长

**PM** Program Manager 项目经理

**PMO** Program Management Office 项目经理办公室

**POMCUS** pre-positioning of materiel configured in unit sets 前沿战略预置

**PSG** platoon sergeant 副排长

**RACTM** Royal Armoured Corps Tank Museum in Bovington, England 英国博温顿皇家装甲兵坦克博物馆

**RAM-D** reliability, availability, maintainability, and

durability 可靠性、可用性、可维护性和耐用性

**RECAP** US Army Recapitalization Program 美国陆军装备延寿计划

**RORO** roll-on/roll-off 滚装船

**RPG** rocket-propelled grenade 手持式反坦克榴弹发射器

**SA** situational awareness 态势感知

**SEP** system enhancement package 系统增强组件

**Sgt** sergeant 中士

**TAA** tactical assembly area 战术集结地域

**TACOM** Tank Automotive Command 坦克及机动车辆司令部，陆军坦克机动车辆与武器司令部

**TAGS** Transparent Armour Gun Shield 装填手装甲护盾

**TARDEC** Tank Armament Research, Development and Engineering Center 坦克机动车辆研发和工程中心

**TC** tank commander 坦克车长

**TF** Task Force 特遣部队

**TIP** tank infantry phone 坦克–步兵电话

**TIS** thermal imaging system 热成像夜瞄系统

**TMS** thermal management system 温度控制系统

**TRADOC** US Army Training and Doctrine Command 美国陆军训练与条令司令部

**TUSK** Tank Urban Survival Kit 坦克城市生存能力组件

**UAAPU** Under Armour Auxiliary Power Unit 装甲辅助动力装置

**USMC** United States Marine Corps 美国海军陆战队

**USN** United States Navy 美国海军

**v** version 型

**×** magnification power 放大倍率

**XO** Executive Officer 执行官

# 附录2 技术指标

| 性能参数 | M1 | M1A1 | M1A1 SA | M1A2 | M1A2 SEP | M1A2 SEPv2 |
|---|---|---|---|---|---|---|
| 重量（战斗全重） | 55吨（公制）<br>60吨（美制） | 61.23吨（公制）<br>67.50吨（美制） | 61.33吨（公制）<br>67.6吨（美制） | 62.05吨（公制）<br>68.4吨（美制） | 62.21吨（公制）<br>68.57吨（美制） | 64.6吨（公制）<br>71.2吨（美制） |
| 车高 | | 含涉水设备：3.55米（140英寸）；至测风传感器顶：3.02米（119英寸）；至车长武器站：2.89米（113.65英寸）；至炮塔顶：2.37米（93.5英寸）；至发动机舱顶：1.73米（68英寸）；至驾驶舱顶：1.51米（59.5英寸） | | | | |
| 车全长（炮向前） | | 9.83米（386.94英寸）；含涉水设备，10.26米（404英寸） | | | | |
| 车全长（炮向后） | | 9.04米（355.64英寸） | | | | |
| 车体长 | 7.77米（306英寸） | | | 7.92米（312英寸） | | |
| 履带着地长 | | 4.57米（180英寸） | | | | |
| 车宽 | | 两侧履带宽：3.48米（137英寸）；两侧装甲裙板宽：3.66米（144英寸）；扫雷犁收回：3.91米（154英寸）；车全宽：4.62米（182英寸） | | | | |
| 发动机 | | 带回热器的AGT-1500型燃气轮机 | | | | |
| 发动机功率 | | 1500马力（3000转/分）；1463马力（开启NBC系统） | | | | |
| 发动机扭矩 | | 1500转/分：5267牛·米（3885磅英尺），开启NBC防护系统：5209牛·米（3842磅英尺）；3000转/分：3560牛·米（2626磅英尺），开启NBC防护系统：3472牛·米（2561磅英尺） | | | | |
| 电源功率 | | 6节电池（2节1组，共3组，每组并联），每节电池12伏，360安·小时，输出24伏直流电；充电电流：650安交流电；具有固态稳压器 | | | | |
| 传动装置 | | 型号：X1100-3B液压全自动传动装置，4个前进挡和2个倒挡；转换器：TC-897涡轮转换器；传动比：采用同轴行星齿轮主变速箱，传动比为4.67∶1 | | | | |
| 制动系统类型 | | 独立的液压和机械系统控制 | | | | |
| 转向系统类型 | | 液压控制 | | | | |
| 公路最大速度 | 72千米/时（45英里/时） | | 66.8千米/时（41.5英里/时），发动机转速3150转/分 | | 67.6千米/时（42英里/时） | |
| 越野最大速度 | | 48.3千米/时（30英里/时） | | | | |
| 履带类型 | | T158型单销履带，每个履带包括78根履带销和156块履带板 | | | | |
| 车底距地高 | | 至车体中部：0.47米（18.5英寸）；至车轮：0.42米（16.5英寸） | | | | |
| 单位压力 | 90 400帕（13.1磅/平方英寸） | 103 076帕（14.95磅/平方英寸） | | | | |
| 发动机机油储备（含冷却器和管线） | | 170.3升（45加仑） | | | | |
| 燃油储备 | | 1873.8升（495加仑） | | | | |
| 燃油消耗量（每英里） | | 22.45升（5.93加仑） | | | | |

| 性能参数 | M1 | M1A1 | M1A1 SA | M1A2 | M1A2 SEP | M1A2 SEPv2 |
|---|---|---|---|---|---|---|
| 作战范围 | 470 千米（292 英里） | | | 480 千米（298 英里） | | |
| 主装武器 | 105 毫米线膛炮（弹药基数 55 发） | M256 式 120 毫米滑膛炮（弹药基数 40 发） | | M256 式 120 毫米滑膛炮（弹药基数 42 发） | | |
| 并列武器 | M240 式 7.62 毫米机枪（弹药基数 10 000 发） | | | | | |
| 装填手武器 | M240 式 7.62 毫米机枪（弹药基数 1400 发） | | | | | |
| 车长武器 | M2 式 12.7 毫米重机枪（弹药基数 1000 发） | | | M2 式 12.7 毫米重机枪（弹药基数 900 发） | | |
| 车内存放武器 | M16A2 式 5.56 毫米步枪（弹药基数 210 发）；8 枚手榴弹 | | | | | |
| 人造烟幕发射装置 | 炮塔两侧各安装一组 6 管 M250 烟幕弹发射器；烟幕弹：M257 式 40 毫米烟幕弹 | 炮塔两侧各安装一组 6 管 M250 烟幕弹发射器；海军陆战队采用 8 管 M256 烟幕弹发射器；烟幕弹：备有 24 发 M257 式 40 毫米烟幕弹（弹药基数 24 发） | | | | |
| 炮长观测装置 | 瞄准镜。视场：9.5 倍时为 6.2°（窄视场），3 倍时为 16°（宽视场），1 倍时为 18°（近视场）；热像仪。视场：9.8 倍时为 2.5°×5.0°（窄视场），3 倍时为 8°×15°（宽视场）；备用瞄准镜。视场：8 倍时为 8° | | | | | |
| 车长观测装置 | 在炮长瞄准镜上延伸的一个目镜；瞄准镜。视场：3 倍时为 20°；无热像仪，8 个潜望镜。视场：1 倍时为 360° | | | | | |
| 装填手观测装置 | 1 个潜望镜。视场：1 倍时为 360° | | | | | |
| 驾驶员观测装置 | 3 个潜望镜。视场：1 倍时为 120°；图像增强潜望镜。视场：1 倍时为 35°×45° | | | | | |
| 测距仪 | 激光测距，测距范围：200~7990 米 | | | | | |
| 火控系统 | 数字计算机 | | | | | |
| 稳定性 | 火炮的高低和方向稳定，分别靠两套独立的控制系统来完成；炮长瞄准镜采用高低稳定 | | | | | |
| 炮塔旋转范围 | 360°；旋转速度：0.25~75 密位/秒（电子跟踪速度）；摆动速度：最高至 300 密位/秒，可持续 1500 密位（静态监控） | | | | | |
| 车长机枪旋转范围 | 360°；旋转速度：0~178 密位/秒（手动驱动），0~400 密位/秒（电动驱动） | | | | | |
| 装填手机枪旋转范围 | 360°（手动驱动） | | | | | |
| 俯仰范围（火炮和同轴机枪） | 向前：-9.5°~+20°，在中心线两侧最高至 100°；向后：无阻挡，在中心线两侧最高至 70°；移动速度：0.25~25 密位/秒（电动）；摆动速度：最高至 400 密位/秒（手动控制），最高至 750 密位/秒（手动控制、带稳定措施） | | | | | |
| 俯仰范围（车长机枪） | -10°~+65°；速度：0~110 密位/秒（手动） | | | | | |
| 俯仰范围（装填手机枪） | -35°~+65°；速度：0~110 密位/秒（手动） | | | | | |
| NBC 防护系统 | 超压，通常值为 0.134 帕（3.7 英寸水柱）；温度调节范围：18~27℃（65~80°F） | | | | | |
| 通信系统 | 无线电设备：AN/VRC-12 或 AN/VRC-64；车内通信设备：AN/VIC-1 或 AN/VIC-2；安全系统：TSEC/KY-57；定位系统：AN/VSQ-1 | | | | | |